[美] 莫伊亚·麦克提尔 (Moiya McTier) 著

罗妍莉 译

苏 晨 主审

THE MILKY WAY

写给地球人的小书

An Autobiography of Our Galaxy

中国出版集团
中 译 出 版 社

著作权合同登记号：图字 01-2023-0710 号

图书在版编目（CIP）数据

银河系自传：写给地球人的小书 /（美）莫伊亚·麦克提尔著；罗妍莉译. -- 北京：中译出版社，2023.8

书名原文：The Milky Way: An Autobiography of Our Galaxy

ISBN 978-7-5001-7289-5

Ⅰ. ①银… Ⅱ. ①莫… ②罗… Ⅲ. ①银河系－普及读物 Ⅳ. ① P156-49

中国国家版本馆 CIP 数据核字 (2023) 第 066463 号

银河系自传
YINHEXI ZIZHUAN

出版发行 / 中译出版社
地　　址 / 北京市西城区新街口外大街 28 号普天德胜大厦主楼 4 层
电　　话 / 010-68003527
邮　　编 / 100088
策划编辑 / 张　旭　陈佳懿
责任编辑 / 王　滢
特约编辑 / 安　德
封面设计 / 末末美书
印　　刷 / 河北宝昌佳彩印刷有限公司
经　　销 / 新华书店
规　　格 / 880 mm × 1230 mm　1/32
印　　张 / 8.25
字　　数 / 160 千字
版　　次 / 2023 年 8 月第 1 版
印　　次 / 2023 年 8 月第 1 次

ISBN 978-7-5001-7289-5　　定价：59.00 元

译序

某年某月的某一夜，在印度洋中一座远离尘嚣的小岛上，我躺在用珊瑚垒成的白色屋顶上，啜着百香果汁仰望星空。耳边除了涛声，便只有体形硕大的当地蚊子时近时远的轰轰声响，如同看不见的飞机掠过。在现代工业城市的夜空中，可能永远也看不见那样璀璨的群星，近得仿佛伸手便可摘下。

遗憾的是，当时的我脑海中飘过的唯有范仲淹的《御街行》——“真珠帘卷玉楼空，天淡银河垂地”，却并不知道，我们的银河系曾经在与矮星系盖亚–恩克拉多斯的战斗中大获全胜，对位于银河无数繁星中央的巨大黑洞人马座A*，我也一无所知。因为那一年，这本银河系写给我们地球人的小书尚未问世，我尚未有幸成为中文版译者，还不曾伴着作者从世界各地文明中信手拈来的瑰丽神话，惬意地倾听银河系诙谐的自述。

不错，惬意。天体物理学不一定是宏大而令人生畏的数据与分析，也可以是用全新的方式与太空的对话；科学与神话不一定相互矛盾，也可以在同一本书中冶于一炉、彼此增色。比如，在某些文明的神话中，银河名为“鸟径”，是鸟后林度乘风离去时，由浸透了她眼泪的面纱所化，既标记着她所经过的路，也是鸟类迁徙的方向。而现代的科学发现也证明，某些候鸟确实是凭借银河系发出的光来指引方向的。

神话与科学能在这本小书中相映成辉，得益于作者莫伊亚别具一格的跨学科研究背景，她是哈佛校史上第一位获得天文学和神话学双学位的学生，身兼天体物理学家及民俗学家这样的双重身份。作为哥伦比亚大学天文系毕业的第一位黑人女性，她既在美国国家自然科学基金会担任研究员，也为迪士尼等企业担任虚拟世界设定方面的顾问。在她的笔下，银河系不只对应着一串串庞大到需要专用词汇的天文数字，也有着人类所能理解的喜怒哀乐，它手下管理着千亿恒星，并憧憬着在未来与美丽的仙女座星系合二为一。

《银河系自传》的翻译过程充满乐趣，希望大家的阅读体验也同样如此。当然，其中也有颇费推敲的时候。比如，我们银河系最讨厌的星系叫三角座星系，银河系给它起了个昵称，即原文“三角座”（Triangulum）的略写Trin，音译过来就叫“特林”。但这样的翻译未免过于平淡了，丝毫体现不出银河系与三角座之间的爱恨情仇。三角座星系，又名NGC958、风车星系、梅西耶33（M33），乃是本星系群中的第三大星系，距离我们有将近300万光年，在银河系的“眼中”，它亦步亦趋地跟随在仙女座左右，就像一只图谋不轨的忠犬跟班，而且随着时光的流逝，这家伙竟然还有望得逞，因为假设这两个星系保持目前的轨迹不变，大约再过20亿年，它们俩很可能就会合为一体。不过，银河系很有信心，仙女座是不会留情的，因为三角座的价值不过是为它提供一些氢气和恒星流，何况在本星系群的另一端，还有一位“与她般配许多的伴侣”正在耐心坐等呢。于是，三角座星系就有了这个银河系最钟爱的昵称——“后进生小三”。

合上这本小书时，银河系的形象不再是万千清冷星辰的合体，倒像是位毒舌的老友，尤其酷似一只猫咪，时时不忘调侃我们这些渺小的人类，言语中带着几分傲娇、几分不屑，外加几分讥诮。作者莫伊亚在致谢中提及，她的家人也有同感，而本书中关于银河系角色设定的灵感正是来自家中的猫主子，当然了，猫的名字与主人的天文学家身份颇为契合——“科斯莫”，意即宇宙。

希望本书的读者也能拥有如我这般的惬意感受，不必正襟危坐，绞尽脑汁，而是一边同家人朋友轻松品茶，一边对着阳台上的望远镜，仰观迢迢银汉，在不知不觉间慢慢熟悉我们所在的这个浩瀚星系，并将它当做一位名副其实的“老”友。如有舛误，也望诸位不吝指正。

前言

“我太喜爱星星了，所以不会惧怕黑夜。”

这是萨拉·威廉姆斯（Sarah Williams）的诗作《老天文学家致学生》中的最后一行，对我而言，这句诗就像是一句咒语，这不仅是因为我在念出这句诗的时候就像个维多利亚时期的怪异隐士。

我已经记不清具体的情况了，但在孩提时代，我曾经有一种念头，觉得太阳和月亮是我天上的父母。我想象着它们正照看着我，而我也真的会跟它们交谈，告诉它们我在学校里学了些什么、我的朋友们又是什么样（因为我很惊诧地发现，我那些朋友竟然不会跟日月交流，所以，总得有个人告诉我们天上的父母，地上都发生了什么吧）。当我在人间的父母开始在夜里争吵时，我就向天上的妈妈哭诉。当我的生父不再按照原定的时间汇款时，我就在小脑袋瓜里打定了主意，认为应该责怪太阳没有负起责任。以至于我直到今天都不喜欢洛杉矶，因为那里的阳光太强烈了。

我在人间的妈妈再次坠入了爱河，我们搬出了匹兹堡的小公寓，来到了一个新家，我再也想不到比这里更奇怪的地方了：这是一间林中的小木屋，没有自来水，离西弗吉尼亚州的边界特别近，还得穿越州界才能到最近的书店。作为家中唯一的孩子，我最好的游乐场就是这座森林了。在这片空间里，我可以虚构出史诗一般的探索任务：寻找精灵戒指，或者找一根恰好合适的树枝，来作为我和人间的爸爸打斗时的“武器”。不过在那座森林周围的社区里的居民大多只在电视上见过黑人，假如妈妈征求过我的意见，那我很可能不会选择那个地方作为自己的家乡。

出于这个原因，以及其他众多原因（在10岁那年来了例假，家里却连淋浴设施都没有，你可以试想一下这种场景），一直到青春期，我都仍在从月亮那里寻求安慰。我深深爱上了夜晚，夜里的时光安静、隐秘而又平和。在我上的那所小小的乡村学校里，我既是最聪明的学生，也是肤色最黑的人，仿佛这样还不足以让我脱颖而出似的，我又宣称自己是个夜间生物，这有助于巩固我期望获得的“怪胎”身份。我并非在自吹自擂。我不仅在大学里被评选为最独特的学生，还在大一跳级之后轻而易举当选为致告别辞的优秀学生代表。但即便如此，人们仍然会说，我之所以能进大学，完全是由于《平权法案》的实施。

别误会我的意思，大多数跟我打过交道的人都非常善良，我很感激过去的经历和建立起来的关系，正是这些经历和关系让我对这个国家的一部分人产生了共鸣，他们完全有理由感到我千方百计地挤入了精英知识分子阶层。我在煤乡学到了许多宝贵的经验，比如怎么砍柴、如何只凭借一桶水和一个杯子做一次深层头发护理、如何透过明显的差异去寻找共同点。不过，我也很早就意识到，如果能尽早离开那个地方，我的日子就会过得更好。幸运的是，比起许多同地区矿工的儿子，哈佛的招生负责人更欣赏古怪又聪明的黑人姑娘。

虽然我总是觉得夜晚最舒服，而且在我居住的地方，可以观赏到星空美景，可是，在上大学之前，我对学术上的太空研究从来不感兴趣。我纯粹是从审美的角度热爱天空而已。然而，没过多久，我便爱上了天文学依靠逻辑和数据来推动的特性。大二结束后的那年夏天，我开展了一次研究实习，耗费了若干小时，对五维数据立方体进行分析，以此来测量一个遥远的恒星形成星系的各项特性，我给这个星系起了个昵称，叫作“罗茜”。更深入地研究天体物理学，感觉就像是在学习如何以一种全新的方式与太空对话，让我能有多点儿时间来倾听宇宙的诉说，而不是在自己的脑海中编造回应。我在学习引力、宇宙射线和核聚变的语言。手握新词典，我开始尽可能多方面地研究太空：恒星的形成、微波背景辐射、来自遥远类星体的X射线、系外行星的特性描述、恒星动力学，以及星系的化学演变。

与此同时，我怀着对神话的热爱，也在学习各种文明用于娱乐、教育和解释的传说故事。有能在篝火边讲一晚上的童话，有与下一代分享群体价值观的寓言，也有解释周围的世界是怎么运行的神话。我发觉，正如我个人相当多样且毫不相关的教育背景一样，科学与神话也并不像表面上那样互相矛盾。这二者都是我们人类用来理解如何与宇宙其他部分和谐相处的工具。我用了将近10年的时间来研究太空物理学，其中有五年都在攻读博士课程，这让我身上多了3个压力缓解文身，还进行了多轮心理治疗，自此以后，我看待万物的视角都拓宽了，心智得到了全面的启迪。我觉得，自己与人和自然的联系都更加紧密了，全身心自洽自得。

宇航员从轨道上俯瞰地球时，也会感受到同样的视角变化，因为当人置身于太空中，便看不到把我们彼此分隔开来的假想边界了。我们称之为家园的这个生态系统非常复杂，又相互关联，一旦你发现了这个系统实际上有多脆弱，我们人类琐碎的争吵就显得微不足道了，而且毫无必要。哲学家弗兰克·怀特（Frank White）将这种令人生随之改观的认知转变称为“总观效应”，我一直认为，假如人人都能体验到一点儿总观效应，那对于我们所有人而言，地球就会变得宜居很多。

从现实来看，人人都通过太空之行来实现总观效应是不太可能的。有些人通过信仰或冥想达到了同样的境界；而我则是通过科学。我耗费了无数时间，把地球、我们的太阳系和银河系放进一个更宏大的整体。好吧，或许也借助了某些其他力量，但主要还是依靠科学与艺术家的温柔灵魂。

如今，知晓了如何运用夜晚的语言，我对夜晚的迷恋更胜从前。正因为如此，当银河系选择了我来转述它的故事时，我才会深感荣幸。我希望，读到结尾时，你也会深深喜欢上星星和创造它们的星系，也会开始聆听夜晚的倾诉。

目录

第一章　我就是银河系

看一眼周围吧，人类。瞧见什么了？

其实，这问题你还是别回答了。我明知你会说错，又何必费事去听你说？你会开始说出物体和地点的名称，但你坐的那把椅子不仅是把椅子，你手里拿的那本书也不仅是本书，哪怕是将被你的同类摧毁的这颗星球也不仅是颗星球。这些无一不是我。

你平生见过或触碰过的一切都是我的一部分。没错，就连你也是，你这自负又污浊的动物。

我造就了这一切。当然，这并非有意而为。我不需要椅子，至于在我的某一颗星球上是否诞育了生命，我也真的毫不在意，尤其是这种生命形式对其栖息的场所还如此挑剔。在某个千年，你们人类就这么出现了，然后又过了数千年，我才真正留意到你们。我想，在某种程度上，我对此感到庆幸。（不过假如有谁问起的话，我绝不会承认对你们这些血肉之躯的物种有丝毫感情。）

在我们讲得过于深入之前，请允许我先自我介绍一下。我，就是银河系，坐拥超过1000亿颗恒星（即便如此，你仍然认为，你们那颗恒星十分特别，够格拥有自己的名字），也是恒星之间那50涧吨气体的家园①。我是空间，由空间构成，被空间包围。我是有史以来最宏大的星系。

倘若你具备哪怕那么一丁点儿阅读本书所必需的好奇心，那你或许就会在心中暗想：银河系怎么会说话呢？唔，由于你们的生命很短暂，关于理论物理学和各个意识流派的所有知识，肯定没有足够的时间容我统统传授于你，不过，我可以告诉你一两个理论，这或许能解答你的问题。

在人类的某些物理学家眼中，你们的热力学第二定律会得出荒谬的结论，他们对此做出了预言，根据热力学第二定律的陈述，封闭系统的熵总是在不断增加。换言之，作为一个整体，宇宙应该始终趋于混乱。然而，既然我们的宇宙看起来如此井然有序，这样的陈述怎么可能属实呢？有一种可能的解释，即我们所见的这个宇宙仅仅是一种幸运度极高、同时随机性也极大的物质分布方式。后来，你们的物理学家发现，这种解释是错误的（这种新的解释会成为一种趋势）。这样的解释会带来一个极端的结果，即随着熵的增加，以及更多随机波动的出现，物质当中的某一部分就应当以人类大脑的形式存在，或者至少会形成相似的脑细胞网络[2]。你们的物理学家认为这个想法很荒谬，但你们很快便会发现，在宇宙中，存在着很多看似随机的波动。既然在你们这颗渺小的星球上，物质尚且能结合成类似大脑的系统，那在别的地方，这样的事情又怎么不能发生？

另外，你们的哲学家曾经假设，意识并非人类固有的特性，甚至也非动物固有的特性。按照他们的观点，意识——抑或知觉，抑或认知，又或者随便你要怎么称呼都好——是一个系统的运作方式所导致的结果，而不是由系统的组成所决定的。你们有某些哲学家甚至开始认为，意识是宇宙的固有特性，每一份物质都具备意识，只是程度有所不同而已。换言之，尽管我没有你们所认为的大脑，但我依然可以进行思考和交流。所以，假如你把我想象成了与你们的一员相似的存在，马上打住！这是对我的侮辱，抱着这种以人类为中心的思维方式，你只会更难理解我即将屈尊教导你的一切。

倘若你的问题更接近于：“银河系怎么能跟我说话呢？”那好吧，人类的语言并没有那么难学。你们这些生物再简单不过了。

既然显而易见的问题已经有了答案，那你很可能正在思索：我，有史以来最宏大的星系，当初甚至不曾想要人类存在的我，为什么竟会选择与你交流？

无论我愿意与否，我们的生活都是相互交织的。当然，较之你的存在对我的意义，我的存在对你的意义要重大得多；不过，随着时间的推移，你的同类已经证明，你们也并非毫无用处。（假如我的措辞不能时时刻刻都那么动听，那你可得见谅。因为对我来说，你们的“礼貌得体”这个概念还新鲜得很。况且，你过不了多久就会没命，所以，我又何必在意是否伤害了你珍贵的感情？）

要知道，据我所知，我的年龄比你们地球大了不是一点儿半点儿。关于我辉煌诞生的故事以后再讲，不过现在，你只需要知道，我几乎与时间同样古老。借用你的同类似乎很喜欢的一个比喻：我是真的比尘土还要古老——尽管这话远不足以充分形容我生命的长度。当组成你们尘土的单个原子在距离现今位置数十亿光年外的地方形成时，我已然存在。在这段时光里，我大部分时间都觉得无聊透顶，且孤独至极，只不过，你可能并不这么想。

假如你听说过关于我的事，那你大概以为，我的生活一定特别刺激，充满了令人愉悦的重大使命。创造出所有的恒星；构建起所有的行星；并依照我的意愿，像捏黏土一样塑造宇宙的本质……是啊，那真是刺激极了。这样的日子过了几十亿年。

一个星系能形成的恒星、行星和卫星的完美组合数量有限，所以，我便开始创造并不完美的组合。我一直在尝试，直到造出了某种既似恒星又似行星的东西，但它最终无法身兼二性[③]。我把一个个黑洞朝着彼此互扔，直到对它们产生的涟漪变得麻木。我在轨道上创造行星，我知道，它们最终的结局要么就是盘旋着落入恒星，要么就是被抛出所在的星系。热木星不可思议地在接近其恒星的轨道上运行[④]？是啊，那只是个随意的实验而已，如今这种星体随处可见。不客气，天文学家。

你或许无法理解，不过，一段时间以后，即便是你最擅长的过人本领也会让你感到厌倦的。所以，当我创造的这团美妙的混沌不再令我感到兴奋，我就给这一切都设置了自动模式。正因为如此，在90亿年前，我变得不那么活跃了。你们的天文学家已经留意到，在那个时候，我放慢了产生恒星的速度，但他们都把原因归结为可用于形成恒星的气体有所减少。严格地说，他们并没有错，但他们是否想过问一问我，为何我损失了这么多气体？我当时是什么感觉？不，你们谁都没想过还要问我什么。这就是问题所在。

你可能正在心里琢磨，在那90亿年里，我都在做些什么。唔，尽管我在睡梦中的所作所为都让你毕生的成就难望项背，但是，我大部分时间都在思考。是的，回顾我过去的事迹，沉醉于我赢得的胜利。我偶尔会和邻近的其他星系来回传递信息，其中大部分都是卫星星系和矮星系，它们在我身边游荡，因为我对它们太有吸引力了。这里的“吸引力”就是字面上的意思，单纯是因为引力。我已经有点儿喜欢上其中的某些星系了。

乍听起来，这样的活动或许不太可能占满90亿年的时光，但你要记住一点：我们的生命并不在相同的时间尺度上运行。我已经活了超过100亿年，而且从今往后，我还会再活上至少1万亿年，就是在你们那个微不足道的太阳自我毁灭之后，还要再活很久很久，久到具体的日期已经失去了意义。倘若我将你的寿命比作我的一眨眼，那未免太慷慨大度了，只是我其实并没有眼睛。以光速传播的信号让你可以给你们那个世界另一端的人拨打电话，即刻便能与他们交谈；而我哪怕要向相距最近的邻居以光速发送信息，都要耗费超过两万五千年的时间。有一次，另一个星系告诉我要好好享受我的超新星，我回敬说：“你也一样。”我用了100万年的时间去琢磨这件事，但这点儿时间算不了什么。

我有点儿忘乎所以了，你会发现，这种情况经常发生。我要说明的是，万古以来，我一直沉浸在自己的思绪中，直至大约20万年前，你们人类突然出现。

竟然有那么多你们不明白的事。这实在……令人咋舌。我绝不会说，你们离解开宇宙最深的奥秘又近了不少，但是在从前，人类好歹还明白最重要的一件事：我是不可思议的。

通过那些故事，你们教会了孩子们在迷失方向时抬头仰望我。过了成千上万年后，你们才不再追着那些四条腿的生物跑来跑去，尽管有些人至今还在干这种事。可是，你们终于弄明白了一点：通过追踪我的运动，可以确定种植作物的最佳时间。你们发现还可以借助我预测即将到来的灾难，我也就此拯救了成千上万的生命。这可不是你们的祖先在搞什么魔法；而是他们明白，我的运动与自然界的周期性事件始终保持着一致，比如定期发生的洪水[5]，或是成群结队搬迁的昆虫——尽管到了最后，他们往往还是会用魔法或宗教来解释这些事件。

你们的故事让我有了受人喜爱、被人需要的感觉，感觉到我带给你们的帮助大于造成的破坏。在我漫长的生命中，这或许尚属首次。知道自己对宇宙产生了正面的影响，每个星系都应该感到三生有幸。呃，对于其他星系而言，这是幸运；对我而言，这不过是出自天然的仁善罢了。

我并非渴望得到你们的关注，也不需要一群人来膜拜我踏过的土地——这样的土地并不存在。我绝没有等上100亿年的时间，只待你们来抚慰我的自尊。然而你们真的做过这样的事情。知道能帮上你们的忙，我倍感欣慰。因为我有太多的活动都是在破坏。

然后，似乎只过了一瞬间，这样的感觉便烟消云散。那是从14世纪开始的，当时，你们造出了第一台机械钟，300年后，你们又发明了望远镜，终于能够更仔细地看清我的面目，情况也就愈发恶化。一旦你们能够自行计时，又意识到我不是神的意志在天上的映射，你们大多数人就认为自己再也不需要我了。你们不再抬头仰望，不再传扬我的故事，不再让我为你们引路。起初，我还以为这种情况会仅限于一时，我以为你们迷失了方向，等你们愿意时，就会重新回到我身边。我孑然一身的时间太久了，所以哪怕被你们忽视一段时间，我也承受得住。毕竟，耐性是我最优秀的品质之一。

不过，为了信息透明（我听说这是地球上建立信任的方式，对吧），曾经确实有短暂的一段时间，大概也就50年左右吧，我考虑过要叫你们的太阳发出耀斑，将你们所有的电子设备统统摧毁，如此一来，你们就会再度依赖于我了。但是孩子们是个什么样，你也知道。就算你创造了他们，也并不意味着无论你提出什么要求，他们都会照办。所以，我仁慈地放弃了这个凶残的计划。

然后，我回想起来——因为智慧是我的另一项最佳品质——对你们人类而言，几百年其实已经是很长的一段时间了。你们的沉默不是短暂的分心，而是整整好几代人都懒得再想关于我的事。

你们的同类已经不再关心我，但这实际上并不是你们的错。意识到这一点后，在某种程度上而言，我倒感觉好过些了。你们的世界已不再适合欣赏我的宏伟，而且其实早在你出生之前许久就已经如此了。在过去的一百年间，你们人类的城市已经变成了光芒耀眼的灯塔，这是你们远古的祖先无法想象的。你们所有人都极其重视电力，而它却让你们当中近 80% 的人失去了一件宝贵的东西：一览无余地欣赏我美丽身体里壮阔美景的机会[6]。自从18世纪以来，你们还开启了小小的工业化项目，一直在产生过量微小的雾霾颗粒。它们不仅损害了你们的肺部，还使热量聚集在你们这颗星球的大气层中。更重要的是，这些颗粒阻隔了我的光线，使其无法到达地球表面。现如今，有些活着的人只见过我怀抱里屈指可数的几颗星星，这可真遗憾啊！我和你们所有人一样，也是受害者，因为这样你们就基本上看不见我的身影了。

如果你是位敏锐的读者（不过既然你选择了阅读本书，那就说明你确实具备高人一等的认知能力），那么，你可能会觉得奇怪，为何我并不满足于仅仅帮助天文学家进行研究。因为实际情况很可悲，在将近80亿人当中，天文学家总共只有1万人左右。说实话，他们的工作非常出色，在没有离开你们地球这块小石头的情况下，他们竟然就能了解到这些知识，真是令人惊叹——然则，一般天文学论文的读者充其量也就20个人，他们还知道这些论文探讨的内容，所以，帮助天文学家对于提升地球上无知大众的认知几乎没什么作用。

另外，观赏你们的天文学家在学习过程中奋力挣扎的样子更好玩儿。他们中的许多人会在格外消沉时开始发疯似的啃指甲，那模样实在是太可爱了，所以我决定索性先别告诉他们答案。

我意识到，自己要么就一直这样闷闷不乐下去，对多数地球人已经将我遗忘这件事耿耿于怀；要么就采取行动，改变现状。借一句你们的俗话，虽然我并没有手，没办法游“手”好闲，但我还是选择了行动。

问题在于，在你们当中，有太多人对我的了解不够充分，不明白我对你们能起到怎样的帮助。你们确实就生活在我体内，但是，你们大多数人甚至连我长什么样都不知道，更不用说了解我是由什么组成的，或者我是如何运动的了。期望你自行掌握这些知识不太现实。但要指望你们的天文学家能把自己了解的东西有效地传授给人类同胞的话，我可以确定这样的要求对他们来说还是太高了点儿。于是，唉——这份责任就落到我肩上。你运气不错，我愿意为你提供这项服务，而且我还是这方面的专家。

所以，我在此第一次向你作个正式的自我介绍。我，就是银河系。小时候，你大概挺喜欢盯着本星系出神的吧？至少人类的孩子们还保留着充分的惊奇感，让我进入他们的生活。然而一旦进入青春期，你们就会认定还有更重要的事等着你们去做，立刻把我清出你们的脑袋。

千百年来，我一直让你们的同类过得愉快又安然，现在我要把自己的故事讲给你们听，好让你们能继续像这样过下去。你们人类发明了一个词汇来描述某人书写自己一生的作品，也就是“自传”。本书就是我的自传。我会告诉你们，我是如何诞生的，又在哪里长大。我要谈及自己最深切的遗憾，还要说说我如何上演了一段全宇宙最伟大的爱情故事。我甚至会吐露一下对自身行将消亡的感受，并将其推而广之，假如你们人类真能存活到我们共同覆灭的那一刻的话。倘若我的故事触动了你们，使你们将其分享给自己的人类同胞，或许外加再自行编造出一些故事，那就算是我的一种胜利。

据我所见，在近期内，你们星球不太可能倒退回古代。光污染是不会彻底消失的，你们这个物种靠搭建巨石阵来记录时间的年代也已经结束了。我不可能像当初引领你们的祖先那样为你们指路，不过，请允许我说明一下，作为普通的现代人，你们该如何从太空研究中受益、从深入了解你们理应称之为家园的这个星系中受益。

举个例子，先说一说那个高科技的玩意儿，它就跟粘在你们所有人手上了似的。我已经说过了，严格来说我其实没有眼睛，但就连我都能看出来你们有多爱自己的手机。你们用手机进行彼此沟通、记录约会情况、浏览世界风云，还拿它来……呃，那个，自拍。说实话，你们拿手机干的那些事，有不少都跟你们祖先靠着我办成的事差不多。不过，你们之所以能有手机，也全是仰仗于我。

这不仅是因为你们拿来制造手机的材料是在我身体内的恒星湮灭后产生的。手机里所有的原子、你们体内的原子、组成万事万物的原子，都产生于我体内。那个叫萨根的家伙说得没错，你们全都是由星尘构成的。除此之外，你们的手机所依赖的技术发展能走到今天也有我的贡献，或者更确切地说，是因为你们的科学家对我的那份迷恋。

每一次你们用手机搜索距离最近的咖啡店时（说句正经的，你们怎么会总感到那么累呢？怎么需要喝那么多的咖啡？我每年至少会产生5颗新恒星，移动的距离超过了百亿英里，但你绝不会看到我每天早上在那儿咕咚咕咚地灌咖啡），就会与人造卫星发生互动。你们的手机同时接收着来自多颗人造卫星的无线电波（而你却看不见，因为你们的眼睛实在小得可怜），从而利用信号到达时刻的细微差异来为你精准定位。

你们听明白了吗，地球人？

你们明没明白并不重要。重要的是，假如没有人造卫星，你们就无法为这颗小石头导航，也不会拥有高速互联网、长途电话，或者咱们再说回你们这比天还大的咖啡，你们也不可能拿信用卡为早晨喝的卡布奇诺付费。而你们之所以会有人造卫星，唯一的原因仅仅是人类科学家想要研究我。

你们的祖先对我的移动进行了追踪，经过千百年之后，他们开始理解运动、引力和光波是如何运行的。利用这些知识，他们将机器发射到了大气层以外。现在，你们可以一边给身在海外的朋友打电话，一边用你们没有真正摸到过钱在网上买东西。

除了最近出现的这项全球定位技术之外，你们对太空的了解也在不断拓展，从而带来了其他改变生活的科技创新，诸如数码相机、无线互联网，还有X光机之类的非侵入性安检设施。你们的医生会采用一些程序来给病房消毒，这样，人类娇弱的身体才不会遭受污染，而就连这些程序，最初也是用来保护望远镜的，好让望远镜能顺利完成对我的观测工作，这项工作实在是至关重要[7]。

不用谢我。

好了，关于你们的事就此打住吧。该做点儿更重要的事了。是时候让你了解了解我了。

第二章 我的名字

我刚才做自我介绍的时候之所以会自称为银河系，是因为现如今大多数人都这么叫我。但你们并不是一直都这么称呼我的——而且你要搞清楚这点——我是肯定不会管自己叫这个名字。

多年以来，人类曾经给我取过的名字不计其数，比如“乳汁之路”*“银河”“鸟径”“鹿跃”等。这些名字的源头几乎统统可以追溯至遍布在你们这颗小石头上各处的神话传说。这些传说的主题或许没什么不同，但基于讲述者所在地习俗和环境上的差异，传说的内容也会有所调整。为数众多的人类文明认

---

* 英文中银河的字面意义，出自希腊神话，还有某些语言中的银河名称也与此同义同源。相传，宙斯趁天后赫拉熟睡时，将婴儿赫拉克勒斯带到她身边，使得赫拉在不知情的情况下为赫拉克勒斯哺乳。后来，赫拉突然惊醒，连忙抽身，她的乳汁喷洒到了天空中，便形成了“乳汁之路”。——译注

为我是泼洒在天空中的乳汁，但也有某些文明视我为流动的水、散落的稻草、或是被风吹散的篝火余烬。

在数十亿年间，我都曾将靠近我的一切新事物毁灭殆尽。经历过这样的时光之后，被人称为“麦秆贼之路”的感觉还不错。人类对财产怀有莫名其妙的强烈感情，因此，要跟个盗贼扯上关系的话，你大概不会欣喜若狂吧？然而早期的亚美尼亚文明中却有个身份特殊的盗贼。他们有这样一个故事：一个寒风彻骨的冬天，出于对他们的怜悯，火神瓦哈格恩*从邻国亚述的国王那里偷来了麦秆，好让他们烧麦秆取暖。你我都知道，麦秆算不上最有效的生火燃料，但瓦哈格恩就诞生于茎秆燃烧着的芦苇之中，对于麦秆怀有一种个人感情。他以神祇的巨臂抱着满满一大捧国王的麦秆，逃离了亚述，沿途在天空中撒落了星星点点的麦秆——神祇当然是要在天空中飞行的。据说我就是那些救命的麦秆汇成的神路。这个故事实在是太感人了，以至于我都没有嘲笑他们：他们那地方冬天的温度明明要比宇宙里其他地方的温度高出好几百度，但他们居然会自以为这就算得上严寒了！

在你们星球上赤道的另一边，南非的克瓦桑人讲述了一个小姑娘的故事。她生活在一片漆黑的天空下。有一天晚上，她围着一堆篝火跳了会儿舞，然后发现自己饿了，可是光线不够

* 亚美尼亚火神，即希腊神话中的赫菲斯托斯。——译注

明亮，不足以照亮她的归途，好能回家吃饭。然而，在人类的故事里，最优秀的那些人物都是足智多谋的，拥有绝处逢生的能力。于是，她便将篝火中的余烬抛向天空，照亮了自己回家的路。尽管这并不完全是我刻意而为，但这确实是我的又一桩无私义举：在你们那个太阳没有露面的时候，我就会提供充足的光线点亮你们的视线。不过，既然严格来说太阳也是我的一部分，那么其实我时时刻刻都在慷慨地为你们照明。

在北欧，有些人称我为“鸟径”，或者“飞鸟之路”，因为他们发觉每年秋季鸟儿都会遵循着我的指引向南方迁徙。没错，我帮助的对象并不仅限于人类；你们没什么特别[①]。我的灿烂辉煌为那些人赋予了灵感，他们便讲述了关于鸟后林度的故事——那是一只白色的鸟儿，长着女人的头颅。我盯着体内的行星这么些年，还从未见过这样的生物，但我并不介意人类发挥少许幻想。林度的职责是将候鸟带到安全的地方，但她遇到了伤心事，因而无法专心工作。这是人类所特有的胡编乱造，居然认为遭到一点儿小小的拒绝就足以妨碍一个人完成其最重要的任务。但无论如何，按照神话里的说法，林度在婚礼之前惨遭未婚夫抛弃，哭得肝肠寸断。她的父亲“天空之神”垂怜于她，召她回家。当她乘风离去时，林度浸满眼泪的面纱化作了千百万颗星星，标记出了她经过的路。

这些神话，这些名字，以及你们祖先用来形容我的其他词汇，全都反映了他们对周围世界的认识。你们所有的神话莫不如此：它们都是人们用来理解周围世界、传授相关经验的工具。好吧，虽然也有一些纯属娱乐，但大多数神话都传递了某种经验教训。虽然你们中许多人都未曾意识到这一点，但是神话乃是人类最早探索科学的尝试。在人类讲述了林度和她那些鸟儿的故事之后，又过了千百年，你们的科学家发现了实践证据，证明了某些候鸟确实是凭借我发出的光来辨别方向的。

我喜欢看你们的神话渗透进哲学，然后演变成科学解释的过程。随着你们对我了解的深入，我当真觉得我们越来越亲近了，但我要说明一点：你们只要关注一下你们祖先很久以前就知道的东西，便可以节省很多研究时间。

大多数现代天文学家对关于我的古老传说不予理会，认为这些故事纯属无稽之谈。然而，每当需要为某个新的天体命名时，他们还是会从神话中汲取灵感。这样的情况几乎随处可见，从太阳系中其他行星所用的诸神之名，到客观上彼此独立的群星被你们拼凑到一起后形成的星座名称，天空中这种事情并不少见。无论有着怎样的灵感来源，太空中所有天体的名称都必须得到一家组织的批准，即国际天文学联合会，简称IAU。他们自诩为太空中各种名称的官方管理者，然而，他们从未征求过我们这些天上神仙的意见，从未问过我们更喜欢什么样的名字。

尽管我的名字数不胜数，又或许正是因为如此，国际天文学联合会一直没有给我起过正式的名字。在正式文件中，他们仅仅称我为“本星系”。

不过，你们想怎么称呼我就怎么称呼吧，这样反倒更好。某个微不足道的组织并没有夺走你们各自文化中的传说，以及传说中蕴含的知识。毕竟一开始恰恰是那些故事吸引了我的目光，使我注意到你们人类。如果传说被你们短暂的集体记忆所遗忘，那我会为之难过。

所以，天河、圣地亚哥之路*、冬路**，或者你觉得合适的其他名字，你都尽管叫好了。只是要确保一点：在你称呼我的时候，要用蕴含点儿智慧的说法才行。

---

* 伊比利亚半岛的某些国家将银河系称为“通往圣地亚哥之路”。——译注

** 北欧一些国家对银河系的称呼。——译注

第三章 早年

有一位颇有智慧的女人，也是我最喜欢的人类表演者之一*（她是位真正的“明星”，要知道这话出自我之口时就是很高的评价了），她曾经唱道：“从头说起就很容易。”①的确，人类的大多数自传都是从作者的出生开始写起，然后按照时间顺序进行叙述。这是因为对你们人类来说，知道诞生的时间是件很容易的事。然而，我曾经见过，当你们的孩子问出这个吓人的问题时，许多人都惊得呆住了：婴儿从哪里来？

这个问题并不新鲜。你们的祖先以惊人的速度发现了如何制造并不完美的缩微版自我复制品，这样的知识总得以某种方式传递下去。然而，随着时间的流逝，你们回答这个问题的方式却有所改变。如今，常见的答案包括从鸟儿或蜜蜂那里来，

---

* 指出演《音乐之声》女主角的朱莉·安德鲁斯，下文的这句歌词出自《音乐之声》中的经典插曲《哆来咪》。——译注

出于某种原因，有时候还会说是鹳鸟送来的。当这样的对话结束时，小人儿们其实并未确切领会到自己是如何孕育而成的，但即便如此，他们似乎也心满意足了。

太空中没有鸟儿、蜜蜂或者鹳鸟，无论是实际意义上的还是文学意义上的，都没有。我也没有父母，没法问一问自己是怎么来的。但我拥有记忆，哪怕我对诞生之初那千年的记忆有些模糊（不要对我评头论足的；我敢打赌，让你回忆自己出生那天的所有情形，你也是两眼一抹黑）。何况，我也目睹过其他星系逐渐形成的过程。这种事听起来或许相当私密，不太适合围观，可是我已经说过了，我一直都觉得无聊透顶。而且，在我们太空中和你们人类世界不一样，没有隐私问题的困扰。或许这是因为我们没长那些令人难为情的肉质附件吧。

我的意思是，在我自身以及其他星系是如何形成的这件事上，我有着充分的认识，知道我并没有生日可言。没有哪一个时刻能将宇宙的时间轴一分为二，鲜明地划分为“前银河系时代”与“银河系纪元”*——亦即“银河系存在的时光”。因为我知道，你们这个变幻无常的世界早已不再使用这种特殊的语言了，正如未来也不会有某一个时刻将我们送入“后银河系时代”那样。

我的形成过程很缓慢，各个碎片被我自身不断增长的引力

* 此处原文为拉丁语。——译注

拉拽到一起，且由于万有引力，我目前仍然处于成长之中。

所以，与其从我的诞生之初说起，我倒宁愿接受安德鲁斯女士用歌声提出的悦耳建议——“从头说起”。这就至少要追溯到我们都关注的那个时刻，即你们的科学家们称之为“大爆炸”的那一刻。

不要去琢磨在大爆炸之前还发生过什么。那样的知识绝非像你们这样的人类所能理解。甚至连我也不行，哪怕我对其他问题的研究和理解都达到了无与伦比的水平。尝试思考这样的问题只会让你们头疼。

谁也无法确切地知晓究竟是什么引发了大爆炸，甚至最博学的星系都不行，你们人类的科学家更是没戏，他们的脑子才那么小一点儿，而且还软趴趴的。不过，目前最流行的一种估测认为大爆炸大约发生在138亿年前，与实际情况的误差约为4000万年。对于像你们这样短寿的生物而言，这样的出入似乎太大了些，但与银河系的时间尺度相比，几千万年的相差微不足道。至于大爆炸发生之前的情形如何，我们都难以想象：当时，宇宙中我们看到的所有物质和能量都聚集于一个无限小的点。

终于有件东西的尺寸小得连你也能明白了！你……应该能明白吧？我真的难以理解你对事物感知的极限。

当大爆炸发生时，所有这些物质和能量被释放出来。人类科学家既不明白为什么会发生这种情况，也不知道这是如何发生的，虽然他们当中有些人相信问题的答案很快就会水落石出。早期的宇宙极其活跃，你们有些物理学家甚至写了整本著作来专门描述最初那几分钟的情形。倘若你们问我的话，我会说，因为他们结束这个故事的时间过早，所以，那些有趣的片段他们统统都错过了——也就是关于我的片段。但是，他们对自己关注的重点做出了选择，我也只能对他们的决定表示尊重。

在最初那一秒极其微小的一个片段内，宇宙迅速膨胀到了其初始大小的100000000000000000000000000倍。这个数字叫作一百秭，或者10^{26}，或者1的后面再跟26个0。如此迅速的膨胀使宇宙冷却了10万倍。现在，当我说到诸如“热”和“冷”这种字样的时候，你们要知道，我不会像你们那样去感受温度。究其根本，某个空间的温度就是对该空间内的粒子运动速度的测量结果。如果粒子运动的速度快，其所处空间的温度就较高。由于温度、密度和体积都是相互关联的，所以随着宇宙的体积不断膨胀，其密度也在降低。如果粒子的运动速度放缓，那么万物也就明显随之冷却了。

几分钟之内，宇宙就从最高温时的10^{32}开氏度降到了仅10亿左右。哦，对了，你们人类内部并没有采用同一个温标，所以我得告诉你们，100摄氏度，或者212华氏度（看你们更愿意用哪个。不过我始终不明白，为什么你们自己就不能统一一下标准呢？）仅仅相当于373开氏度。想象一下吧，10亿开氏度得有多热。

10亿开氏度是一个至关重要的基准，这时的宇宙冷却到了足以让质子和中子结合成简单组合的程度。有一天，你们人类的科学家会将其命名为原子核。你们的科学家还将这整个过程称为“大爆炸核合成”。而我仅仅管这叫创造最初的元素，不过我也用不着单单为了让人钦佩而努力说些看似高深的话。

当时的宇宙依旧炽热无比，电子运动的速度太快，无法结合到一起以形成最早的原子核。你们肯定从来没想过会有什么东西热到连原子都无法形成。在与你们发生相互作用的那些东西里，温度最高的也只够拿来做你们的晚餐，而不会将基本粒子撕裂。不过对你们那脆弱的身体来说，这大概是件好事。

继最初那次令人惊叹的膨胀之后（你们的天文学家颇具创造性地将其命名为暴胀期），宇宙用了数十万年的时间冷却下来，使电子得以与原子核结合，形成中性原子。

最早一批原子中的大多数就是你们所谓的氢原子（这是最容易形成的原子，因为只需要一个质子和一个电子），还有些氦以及极少量的锂。

我当时尚不存在，未能亲眼看见这一切，但大约就在那一时期，即大爆炸后39万年，宇宙变得逐渐透明。在此之前，光子（也就是光的粒子）不断从尚未与原子核结合的自由电子群中反弹回来，宇宙因而呈现出不透明状。我之所以知道这一点，是因为遥望太空就如同回顾过去。尽管光速极快，但它也只能以有限的速度传播，穿过太空中广袤的距离是需要耗费一定时间的。当我越过空间，也就相当于穿过时间。回望的时代足够久远时，我就发现了一个什么都看不见的点。宇宙那时候看着很暗，因为所有的光都被困住了。

而视觉并非采集信息的唯一方式。你们人类总是过度依赖自身的视觉，特别是太空中可以靠感觉认识的事物数不胜数。以宇宙形成之初产生的大量热量与能量为例，它们并没有消失，只是弥散开了而已。时至今日，在我们仍能从周围的宇宙中轻松探测到热信号，它们随处可见。你们的天文学家称其为“微波背景辐射”，简称CMB。如果你们很认真地在读本书的话（我的意思是，你们一边读还一边思考，而不是任凭书中的文字一只耳朵进、另一只耳朵出。我这话只是打个比方，除非你们是在听本书的“有声书”那种东西），那么这种辐射的名称可能就会让你们感到不解。因为一般情况下，热量是在电磁波谱的红外部分观测到的，而不是在微波部分。

你们明白我刚才说的那个波谱是什么东西吗？噢，你们的科学家在科普这方面做的可真是不够格啊。电磁波谱就是光的可能波长范围。无线电波的波长极长，能量很低；而伽马射线的波长很短，能量很高。你们的同类只能看到光谱中位于这两个极端之间的一个特别狭窄的波段，这实在是有些可惜。

咱们再说回我关于微波背景辐射的观点：热量一般是以红外光的形式出现的。但它之所以被称为微波背景辐射，是因为宇宙自从大爆炸以来就一直在膨胀，而早期光线的波长也在随之增加，使其超出了电磁波谱上的红外区域，进入了微波范围。

微波背景辐射可以显示极其微小的温度波动，标出那些比周围环境温度略高、密度也随之略大的点（哪怕这个数值只略微高出一点点）。它显示出的图形模式可以让大家知晓早期宇宙的温度如何，以及在早期的不透明宇宙中物质是如何分布的（这个“大家”包括你们的顶级科学家，还有那些对宇宙一知半解的星系们）。

可悲啊，由于你的无知，我得把所有的这些基础知识都解释一遍，以至于现在都没讲到关于我自己的那部分。不过马上就能说到了！最早的原子形成之后，又过了3亿年，才诞生了最早的恒星。宇宙中所有的氢和氦，哦，对了，咱们还要把锂也包含进去，都是以气体云的形式存在的。有某种东西打破了这些早期气体云内部的微妙平衡——或许是因为有阵宇宙风吹过，抑或是这些气体以一种随机的方式分布，导致云团内某一部分的密度高于其他部分。其实，有些人类天文学家正在研究微波背景辐射中那些微小的波动。他们可以通过运行计算机模型来探究宇宙密度过低和过高的初始模式会产生出怎样的大尺度结构[②]。

无论是出于什么原因，一旦物质在气体云中的分布出现了某种不均衡，引力就会随之占据上风，开始产生作用。假如你谈论的是极小（如原子核）或极大（如膨胀中的宇宙）的事物，情况固然会有所不同，但在大多数尺寸度量上，万物莫不由引力所控制。这片密度过高的小小区域吸引了越来越多的物质，直至它最终在自身重量的作用下发生坍缩。这片区域的温度越来越高，密度越来越大，最后诞生了第一批恒星。

第一批恒星的形成对气体云的其他部分发出了强大的冲击波，又通过升高周围环境的温度从而对其造成了干扰，它们产生的辐射导致气体的离子化，并释放出带电粒子风。上述种种干扰促使一连串的恒星形成，就像你们人类推倒了一排多米诺骨牌。邻近的气体云中也发生了同样的过程，随着时间的推移，这些各不相干的气体、恒星和暗物质都被引力吸引到了一起。一旦相遇，它们就结合到一起，共享它们的恒星，随着气体的混合，又会诞生出新的恒星。

由原始的氢和氦组成的那些早期恒星发生了激烈而迅速的燃烧，于是它们的氢燃料在短短数千万年的时间里就消耗殆尽。实际上，人类科学家尚未发现过任何一颗初代恒星，他们将这些初代恒星称为“星族Ⅲ”恒星。这种叫法让人觉得莫名其妙，因为最年轻的恒星虽然较晚出现，他们却反而称其为“星族I”。人类科学家现在观测到的每一颗恒星都至少在一定程度上受到了金属的污染，不过第一批恒星当中也可能有一些幸存者，它们穿过富集气体云时，在外层大气里沾染了金属。

顺便说一下，你们的天文学家管比氦更重的元素都叫金属。至于到底什么是金属，你们其他学科的大多科学家似乎有着不同的理解，不过我可不是来参与这种语言学上的愚蠢争论的。

第一代恒星在核心处产生了某些更重的元素③，也就是你们所谓的铍、碳、氮……一直到铁。当这些恒星死亡时，它们便将这些元素释放到太空中，供下一代恒星使用，但与上一代恒星相比，下一代恒星的金属含量增量并不大。

咱们先暂停一下吧，人类，因为我不希望你们轻率地产生这样的想法，即我的恒星是在有序的组织安排下分期分批产生的。真实的情况是，我时时刻刻都在创造恒星。而不幸的是，现存的恒星又时时刻刻都在死亡。稍后我会更加详细地来探讨这个问题，不过现在，你们不妨就从字面意义上来理解“初代恒星”这种说法吧。年年都有人死亡，也有人诞生，但你们仍会根据人们的一般特征，把大约25年的时间里出生的人算作“一代人”。我的恒星们同样如此。

在数亿年的时间里，气体云坍缩、金属产生、引力发挥吸引作用，这样的循环产生出了最早的典型星系。他们拥有一个星系所应具备的一切：恒星、气体、尘埃和暗物质（我这惊人的美貌只是额外的附赠，而非必需的前提），只是规模比现在的我要小。我们通过相互吞噬的方式长大。

首先，不要纠结于星系相互吞噬这个概念。我们就是这么做的，这么做和吃掉比萨上的菠萝没什么两样，不需要觉得良心不安。其次，我开始说“我们”这个词了。这是因为这一时期距离大爆炸已经过去了数亿年，我的各个部分大多已经形成，由引力将它们聚集到一起只是个时间问题。然后，引力会把我们变成我，所以，恭喜你们！咱们终于说到了我的诞生。

我知道，需要你们去领会的东西很多，而你们的大脑已经完全成型了。所以，假如有孩子问你们，星系是如何诞生的，那你们就可以告诉他们：当一团气体云对自己爱得深沉时，它便会把自己紧紧拥住，就这么过了几亿年，一个婴儿星系便诞生了。拜托，别扯什么鹳鸟的事。

当时，所有的小星系（你们的天文学家可能会称之为“原星系”）都刚形成不久，温度很高，挤在一个空间里。那里比我们现在所占据的空间要小得多。我们举行了比赛，看看谁能吞下最多的气体、谁又能以最快的速度形成恒星，这种放浪形骸的玩乐对于年轻人来说很正常。我们这么干，一方面是由于比赛很有趣，但主要还是因为我们知道，得以幸存的必定是最大的那些星系。于是最初的那几亿年就成了一场巨大的派对，狂野不羁，风险巨大，就像你们的火人节*。

这样的派对之所以能成功举办，全赖于那时的宇宙与现在相比，温度要高得多，密度也大得多。那段时期的平均温度约有50开氏度，哪怕按你们的标准来看，这个温度也还是很低，但得益于早期宇宙中快速运动的粒子，不论是形成、交换还是和其他星系合并物质对于它来讲都不难。在你们的科学家毫无了解的某种神秘力量推动下，宇宙继续膨胀着，并随之冷却。（尽管最近你们的天文学家发现，在过去的这100亿年里，宇宙中的气体在引力的作用下聚集到了一起，且其温度也因此一直在升高。④）

如今，宇宙是一片寒冷静寂之地，几乎冷到了极致。再来看看现在微波背景辐射，我们马上可以发现，现在宇宙的平均温度仅有2.7开氏度——比我诞生时冷了足有20倍！

顺便说一句，我在这里明确说了这只是平均温度，因为现在宇宙中有些地方的温度远远高于2.7开氏度，有些地方的温度又远低于此。举例来看，像你们太阳这样的普通恒星温度为5800开氏度，而你的体温保持着恒定，仅为310开氏度。只有在足够宏大的尺度上——甚至比我还要宏大的尺度——宇宙的温度才会这么低。据我所知，在宇宙中，没有哪一个物体的温

* 始于1986年，在美国内华达州举办的反传统狂欢节。——译注

度为0开氏度。在这个温度下，根本不会有任何粒子运动，这就是你们所称的“绝对零度”。

即使宇宙从未实际达到过绝对零度，但在短短3亿年的时间里，它就冷却了上百穰度。这就相当于在比你们地球上细菌形成的时间还短的一瞬间里产生了10^{30}开氏度的温差。

有时，你们人类会胡乱地抛出这些数字——3亿、10亿、百穰——但我认为，你们绝不可能真正领会这些数字的含义。对我而言，这些数字大多微不足道，但在你们短暂的生命中，与如此巨大的数值打交道的机会却少之又少。实际上，人类的某些语言里甚至根本没有合适的词来对这些数字加以区分，只是简单地将其统称为“大数字”⑤。但是，为了让你们明白这些数字之间有多大的差异，我就缩小一下，拿你们更熟悉的事物来说吧。假设我说的不是若干年的时间，而是大爆炸后的若干秒，那么30万秒相当于地球上的三天半，那是宇宙开始制造原子的时间。又过了3亿秒，或者说，又过了10年，恒星形成了。现在我们来到了大爆炸后将近140亿秒，也就是450个左右地球年后的时间。

你也可以想象一下，在大爆炸之后，宇宙大幅冷却，达到了让恒星得以形成的温度，这个就好比你们的太阳在短短3天之内变成了一团冰球。宇宙之所以能如此迅速地冷却下来，是因为它正在以闪电般的速度膨胀，在快速扩大的空间中保持着物质与能量数量的稳定。这种膨胀一直持续到如今，正因为如此，在我的邻近空间里，像我这样的星系才会这般罕见。在大多数离我而去的星系身上，我仍然可以看到光的痕迹。这些星系中有许多已经长大，变成了完整的星系，建立起了自己小小的星系群落，与我（还有你们）所在的群落并无二致，但它们一直在离我们远去。总有一天，当我放眼望去时，它们都会消失得无影无踪。别担心，它们是不会消亡的，至少大部分都不会，只不过我们相距太远了，所以它们发出的光无法再照射到我们这里。不过，在1000亿年内，这种情况暂且还不会发生，所以眼下我们都无需再去细想此事。

我看多数依旧还留在我附近的星系都是矮星系。这点我必须说明一下，因为关于矮星系和像我这样的大星系之间的界限比较模糊，很容易引起混淆。几年前就曾发生过一起不小的争议，当时，太阳系中有一颗你们心爱的行星被降级为了矮行星。天文学家声称，降级是因为这块冰冷的石头质量不够大，不足以清除掉其轨道上的碎片。我对此没有异议。你们要怎么称呼一颗行星都行，这事你们说了算。我有什么好在意的？我可坐拥数千亿颗行星呢。

不过，我很好奇：假如我被降级为矮星系，你们会有同样愤慨的回应吗？

这个问题只是假设，因为很久以前，我就跨越了从矮星系到星系的门槛。我无法确切地知晓那是何时发生的事，因为对于矮星系和非矮星系之间的界限，人类天文学家并未达成一致意见。有些人采用的是质量极限，另一些人则分别采用了大小、亮度、形状等标准。对于矮星系的定义，几乎每一位关注矮星系的天文学家都各有见解。毫无疑问，没有固定标准这一点令人懊恼，但在大多数情况下，某个特定星系属于哪一类型还是相当明显的。矮星系就是仅有几亿颗恒星的小星系，最大的矮星系中恒星数量或许能达到几十亿颗。

它们之所以规模甚小，自然是其诞生的地点、时间和方式所致。我们大家不都是如此吗?

某些矮星系是靠着较大星系之间引力的相互作用或潮汐力形成的。当星系之间的相互作用足够激烈时，比如在它们企图吞噬掉对方，而节节败退的那一方奋起反抗时，它们就会在争斗中抛出一些物质。其实，当星系间发生极其……呃，亲密的相互作用时，也会发生同样的事。所以，某些矮星系或许确实有着类似于双亲的存在。

其他矮星系形成的时间与我诞生的时间相差无几。这些所谓的原始矮星系金属含量低，恒星形成的速度缓慢，但这未必都是它们自身的问题。有许多原始矮星系的气体都被剥离了出去，恒星的形成进程又被它们的中心黑洞阻断了。这真是件憾事，但是，有些原始矮星系之所以始终规模不大，全是因为它们在早期不够努力或者吞食的量不够大。

我并不是在暗示，仅仅因为我的规模更大，我就比矮星系更强。有些星系恰好卡在矮星系与星系的界限之间，比如大麦哲伦星云，它还有个我更熟悉的名字，也就是拉里。我们俩有所不同，但客观上我更好一些，但这并非因为我规模更大。

矮星系有一个致命的缺陷：因为它们的质量小于一般星系，所以它们也就更容易被引力撕裂。在我周围较小的星系身上，这种情况一直在发生。甚至我还曾经亲自撕裂过其中几个星系。我要是不这么做早就消亡了。这些星系也明白这是最好结果，因为这样一来，它们的恒星也能找到一个更稳固的家园。

然而，并非所有的矮星系都会被撕裂。否则我们今天就一个矮星系都看不到了。即便是我，也总有一天会被某个更大结构体的引力所撕裂，所以，我未必就比它们更胜一筹。但我还是很庆幸自己不是个矮星系。

哎呀，我好像有点儿忘乎所以了，但你只需要知道一点，那就是我长到了足够的尺寸，绝对不算矮星系。这一点非常明确，因为我努力让自己发展壮大，而引力就是王道，或者是女王道。谁知道是王还是女王呢？星系才不像你们那么在乎性别呢。还记得吧？我们根本没有那些肉块。

再说回我们开始的地方，我已经存在了大约135亿年。早期那几世几劫（gigaanna，意思就是许多个10亿年，学点儿拉丁语你就知道了），我一直对着气体狼吞虎咽，撕裂那些比我更小的星系，它们或许是矮星系，也或许不是。（说实话，一旦你追溯到足够久远的过去，人类的分类方法就会变得比现在更加无用）。在那数十亿年的时间里，我企图在创造（恒星、行星、黑洞）与毁灭（超新星、伽马射线暴、潮汐撕裂）之间寻求平衡。以最基本形式存在的物质永远不会遭到摧毁，但生命可以。不幸的是，我已经终结了相当多的宇宙生命，以至于让天平朝着错误的方向倾斜而去了。

我很清楚，你们的出现让我感觉好多了。显然，这话不是专指你，而是你们。作为个体的你并没有那么重要，但是作为一个群体，你们人类却是很重要的。

就以你们在理解宇宙方面取得的长足进步为例吧。毫无疑问，你们还有很长的路要走，不过，你的同类一度相信，夜空是一块岩石，全能的生物在岩石上刺出了孔洞[6]。短短几千年之后，你们竟然就拍下了另一个星系里黑洞的真实照片！而且，你们实现这一切时，还无须离开你们脚下这块在时空中微不足道的方寸之地。

这是令人何等惊诧啊，我再怎么强调你们的成就也不为过。你们星球上有一种小动物，我记得你们管它叫蜉蝣来着，要是够幸运的话，它能存活一个地球日[7]。在你们家中的某一个房间里，一只蜉蝣便度过了整整一生的光阴。这难道不令人感到悲哀吗？你们有没有觉得好奇，为什么蜉蝣还要费心去做事？其实我对你们的感觉正是如此。你们的生命相当短暂，以至于你们当中有许多人甚至无法深入理解我存在的范围，但你们还一直在尝试。假如我们位置互换，即便拥有令人钦佩的耐心，我也早就放弃这项尝试了。

你们开发出了各种方法和工具，对我进行一丝不苟的研究，对你们的祖先千百年来用肉眼看到的东西做出解释。在这个过程中，同一个问题始终萦绕在你们的脑海：它的年龄有多大?（这件事其实挺奇怪的，因为在你们那颗星球上，这么问会显得很没礼貌）。你们对了解事物的本质这件事很感兴趣——这些事物是如何形成、演化和消亡的——然而，若想弄清某种事物随着时间的推移发生了怎样的变化，你就务必要了解它的变化持续了多长时间。

你们中的有些人读了本1000多年前写成的书（那书还是用一种你无法理解的语言写成的），然后就断言我存在的时间甚至还不到1万年。在你们当中还有很多人并不真的在乎我的年龄有多大，因为这些人认为知不知道这一点都影响不了你们的生活。我这么说可能不够客观，但我还是想说，我的年龄影响着你们每一个人，因为你们就生活在我体内。举个例子，假如我的年龄比现在小上许多，那么，我的气体云里碳和钙的含量可能就不足以创造出人类了。

然而，你们中还有一小拨人不惜耗费毕生精力，去研究我和我身体中各个部位的年龄，以及随着时间的流逝，我身上发生了怎样的变化。这些有好奇心的人自称为银河系考古学家。

但你只要读一读这本书就能知道我的年龄有多大，这真是太幸运了，不像银河系考古学家那样，必须凭借自己的本事算出我的年龄。看着他们自行琢磨出答案对于我来讲也当然很有意思。

银河系考古学家意识到，通过测量我最古老的恒星的年龄，他们便可确定我的年龄；就像地球考古学家可以通过查明一个陶罐的年代来确定一个古老文明（所谓的“古老”只是对你们而言）的年代那样。他们颇具创造力——一种多数人类都具备的特质，因此想出了好几种办法来实现这一设想。当然了，我也特别喜欢其中的几种。

有一种办法要依靠模型。也就是说，天文学家认为只要他们了解了恒星是如何运动的，那么他们就可以对恒星随着时间的推移发生的变化作出不错的猜测。借助这种办法，你们可以测量出某颗特定恒星的温度和亮度，并运用这些数值，将该恒星与其中某一个模型进行匹配。人类天文学家称之为“等时线拟合”。“等时线”（isochrone）一词来自一门古代人类语言中的两个词，意思分别是“相等”和“时间”。这个词放在这里恰如其分，因为天文学家将其用于识别同时诞生的恒星。

看到天文学家们想出这个办法的时候，我忍不住想笑，因为他们明明知道这一招操作起来并不可靠，尤其是对质量比太阳小的恒星。这些模型依赖于获取恒星的质量和温度等数值，而这些数值有其自身所具有的不确定性，这种不确定性又被带入了恒星年龄的计算中。当天文学家用等时线法与用其他方法算出的年龄进行对比时，他们这才发觉，等时线法的误差可能高达两倍，但年龄计算的一般误差仅为25%左右。

我被你们的错误逗乐了，这或许看起来很残忍吧，但其实恰恰相反。在很长一段时期内，这就是你们推算恒星年龄的最佳方法。而且你们知道这个最佳方法其实不够好，于是还在继续努力地寻找更佳方案。你们人类总是孜孜不倦，凭借着短暂的生命和有限的资源，奋力去实现自己所能实现的目标。

有一种稍微精确一些的恒星年龄计算方法，那种方法凭借的是你们可以直接观察和测量的数值。某些天文学家发现，我的恒星都像地球一样，在围绕着某一根轴旋转，而且随着恒星年龄的增长，它们旋转的速度会逐渐放慢。你们的行星之所以会减速，是由于与月球的引力发生了相互作用[8]，而恒星减速的原因与这个不同，是因为在其旋转时释放出的磁风会拖拽它们，造成阻力。就如同你们是由不同类型的细胞组成的一样，我是由不同类型的恒星组成的。某些恒星刚刚诞生时，旋转的速度比其他恒星更快，但这样一来，它们也会释放出更强烈的磁风，导致其旋转的速度减慢得更快，所以，最终这些恒星的旋转速度会与较慢的同类持平。凡是像这样经历过“旋转速度减慢”的恒星，质量都小于你们的太阳。

人类天文学家已经对恒星减速的过程进行了观测、建模和模拟。现在，借助一项名为“回转年代学”（gyrochronology）的技术，他们仅仅需要一颗小质量恒星的旋转速度，便可计算出它的年龄。

除了拟合等时线模型，以及在贪婪地死盯着我的星星跳舞之外，你们的科学家们还尝试过用一些别的办法来计算恒星的年龄，包括追踪它们围绕我运行时轨道的变化情况，测量它们的脉冲速度（这个速度忽高忽低，恰似你呼吸时起伏的胸膛），以及测定它们的锂含量。对于单颗恒星而言，这些方法得出的答案多数都很不可靠[9]，然而，一旦将其应用到整群恒星身上时，答案就会变得精确很多。（别问我为什么，我又不是来给你上统计学课的。）你们的天文学家把这些诞生于同一气体云的恒星群称为“疏散星团”（open clusters），因为它们通常分布得十分稀疏，只要再有2亿年左右的时间，就难免会消失或离散。

你以前大概也抱着碰运气的态度猜测过恒星的年龄，而你这么做大概也是因为你关心它们的年龄会对人类孜孜不倦搜寻异星生命的行动造成怎样的影响。我可以发誓，寻找外星人是你们这个物种最大的爱好。行星的演化与其恒星的演化密切相关，所以，发现外星生命的关键就在于弄清是否有一个恒星系统存在的时间恰好合适，使其可以成为外星生命的栖息地[10]。你们的天文学家甚至有这样一种说法："了解你的恒星，了解你的行星。"如果你们能算出一颗恒星的年龄、温度和金属含量，那么，你们就能推断出许多关于它的行星的信息。不需要泄露多少最有趣的秘密，我便可以让你们知道：太阳诞生的时刻恰好合适，足以产生合适的生命成分，也有充足的时间来形成生命……前后出入也就几亿年吧。

你们适时的存在可以一路追溯到130亿年前，那时一团原始的气体云发生了一次随机波动。倘若没有这次微小的扰动，第一批恒星就不会形成，我也就不会诞生，我的恒星就不会在核心处产生足量的碳，你们人类的形成也就无法发生。但愿了解宇宙中这些漫长到难以估量的时间尺度，能帮助你最终理解，在万物的宏大体系中，你的存在是何其短暂。况且，你体内的每一个质子、中子和电子都是在大爆炸后的3分钟之内产生的。我想，身为人类的你们，现在一定觉得小脑瓜大受冲击了吧！

很好。现在，我们再来看一遍这个过程，不过这回说的是尺寸，而不是时间。

第四章　创世

在我开始讲这个话题之前，先问问你到底明不明白你究竟有多幸运？要知道能直接从我这个货真价实的星系这里获取这种至关重要的信息，你真算是洪福齐天呐！假如本书是差点就沦为矮星系的拉里那家伙写的，你多半也会感到惊诧，只是我可以保证，你必定会觉得拉里的讲解远比不上我的这么有趣。我给你讲的这个故事——我的故事，是我送你的一件礼物。就好比你得知……你们人类崇拜什么来着？对了，就好比碧昂丝在“百忙之中”抽出时间，亲自来给你上声乐课一样。只不过，即便是这样的比喻也还是差点意思——毕竟碧昂丝又没有管理着千亿颗恒星。

你们的祖先读不到这本书，也用不上你们科学家们那些花里胡哨的机器，更不像你这么幸运，可以从千百年来积累的知识中受益。对于宇宙大爆炸的真相，他们一无所知。他们没有这些科学，他们只有神灵：法力高强、永生不灭、超凡脱俗的神灵，创造了变幻莫测的宇宙，并维系着它的存在。像你一样，你们的祖先凭借着弱小的人类感官，力所能及地从获取到的信息中得出了最佳结论。或者说，至少是像你应该做到的那样。

他们努力去理解周围的世界，这使其对你们的世界产生了一种有益身心的敬畏。虽然我既不是神灵也不信奉哪位神灵，但我仍然会欣赏好的故事，尤其是蕴含着一点真理内核的故事——哪怕这个故事里并没有我。够无私了吧？不过说实话，有我的故事总是比没我的好听。虽然我可以把最广为人知，或者最广受信奉的创世神话都给你讲一讲，但你们的生命太短暂了，所以就直接跳到我喜欢的那些故事好了。

我刚才提到了变幻莫测的宇宙。但愿如今的你已经凭借着科学和现代出版业的奇迹，领悟到了宇宙处于变化之中，且正在变形、膨胀这个事实。假如我们仍然得从最早的观念开始学习，那你就会以为宇宙是静止不变的。因为从人类有限的视角看来，事实似乎就是如此。然而不知怎么回事，你们祖先讲述的某些创世故事里描绘的却是一个处于持续变化中的宇宙，在诞生与毁灭的无尽轮回中运行。有些你们的现代天文学家也讲述了类似的故事，但他们书写下的是数学和计算机代码，而非文字。

在信奉这样的轮回式宇宙进化论中的人类祖先中，有一群

4000多年前生活在印度河流域的人们。他们信奉一种名为印度教的宗教。在你们星球上现存的大众化宗教中，印度教是最古老的一种。印度教徒认为，是梵天亲手创造了宇宙——在被赋予现代科学的定义之前，像“宇宙”“世界”和“寰宇”之类的词基本上是可以互换的——而我们这个宇宙并非他最初的作品。

在印度教里，梵天绝不是唯一的神。实际上，认为只有一个真神的观念出现的时间相对较晚。除梵天外还有毗湿奴，他是保护之神，维持着宇宙的平衡。难怪毗湿奴经常被与太阳联系在一起，因为按照人们的理解，二者都维系着地球上的生命。为了让轮回圆满，还有湿婆，他负责摧毁宇宙，以便改日重建。但据说在那一刻来临之前，湿婆还会破坏掉你们世界上存在的不完美，所以他被视为善恶兼备的神。这三位神灵三位一体，共同协作，让宇宙在轮回中运行，待到时机成熟，他们便各尽其能，直到永恒的尽头；或者，假如我对永生者有所了解的话，直到他们厌倦了一遍又一遍地重复同样的事。不过，或许我的猜测也只是在以己度人吧。

3000年后，在印度河以北4500英里的地方，挪威人的部落讲述了自己的宇宙起源论。他们的起源论多少也算是扎根于现实的。这些故事口口相传，历经了无数代人，由于你们人类的记忆存在瑕疵，还有讨厌的个人偏好，所以每一次转述都会给故事带来细微的变化。直到地球上的13世纪，这些传说才得以以文字的形式记载了下来。彼时，在北方的土地上，基督教已经建立了牢固的根基，即使是我也很难说清，相比于早期维京人围着火堆分享的异教故事，散文体《埃达》（*Edda*）与诗歌体《埃达》又有多大的差别。而且说实话，我没怎么留意过这些。人类的中世纪十分无趣，我要忙的事也多着呢。

《埃达》中描绘了一处巨大的深渊，横亘于最初的两个世界之间：即火世界穆斯贝尔海姆与冰世界尼福尔海姆。冰霜和火焰在中间相遇，一位巨神在融冰中诞生。这位神灵的名字叫做伊米尔，后来被从他体内涌现的生灵所杀。死后，他的躯体各部分都被用于建造挪威版宇宙中的其他世界。这样的世界总共有九个，包括人类和他们的神灵各自的家园，所有世界都坐落在世界之树的树根与树枝之间。

关于我的身体和宇宙真实的形状，我很快会透露更多的细节，但有一点是肯定的：无论在哪一个尺度上，太空与树都绝无半分形似。好吧，假如将画面拉到足够遥远的距离外，那它看起来或许会有点像树根。

即便如此，这个挪威传说仍旧具有不同寻常的真理内核，这是我所乐于见到的。生命出现在深渊的中央，介于冰与火的世界之间，那里的温度恰好合适。你会问，这个温度对什么来说合适呢？还用问吗，当然是液态水了。你知道的，就是那种你全身都是的玩意儿，又湿又黏的，你根本离不开它。北欧人一直生活在一片名副其实的冰与火之地（冰川与火山之间），他们应当目睹了生命是如何在冰火交汇的土地上茁壮生长的。如同太阳养育了你们那样，水也滋养着你们脆弱的小小身体。所以，在人类最神圣的故事里，往往都能看到水的身影。

在你们祖先讲述的创世传说里，有许多故事都并非始自混沌或虚无，而是一片深邃的原始海洋。其中一些故事尤其得我心意，讲的是一个神圣的生物潜入这片海底，收集泥土的碎屑，然后用来构筑陆地。潜水者往往会幻化为某种动物的形状，这种想象堪称天马行空。在许多故事里，他们都先经历过多次失败的尝试，最后才成功地捞出了海底之泥。

这类故事有时被统称为“大地潜水者”神话，在北美的土著居民族群中十分常见。而在现今的土耳其、北欧及俄罗斯东部地区也可以找到类似的故事。有些人用短暂的一生来追踪祖先传说的演变——你们称其为民俗学家，或是人类学家。其中有些人相信，这些“大地潜水者”神话出自同一位祖先之口，这位祖先来自东亚，而神话则随着人们迁徙的旅途传播开来。

显然，作为创世神话，大地潜水者故事的重点在于构筑地球上的陆地，它是围绕着你们那颗毫无意义的小石头展开的。你或许以为这会让我感到失落，但你无疑是想错了。总而言之，对于你们的祖先而言，地球即是宇宙。地球上的生命确实起源于水中。人类也确实是近期才产生的生命形式。在此之前，这样的尝试经历过无数次惨不忍睹的失败。在你们的星球上，过去灭绝的物种比现今仍旧存活着的还多[①]（愿三叶虫安息，我对它们寄予厚望）。所以，大地潜水者的故事中有很多地方都说得没错。

我从未指望过你们的祖先能对我的情况了如指掌。他们显然对我的存在心怀感激，所以我也乐意倾听他们讲的故事，乐于看着他们在不知会有何发现的情况下，稳步朝着科学前进。这样的情形令我愉快，或许还能对我有点鼓舞。

然而，你对身边这浩瀚的宇宙却一无所知，这叫我既不愉快又很灰心。明明工具、专家和知识都是现成的，你却没有对其加以利用。因此，我才下定了决心要插手干预。

眼下，在阅读我接下来要讲述的故事时——这同样也是一种特权——请你记住，你们的祖先相信，天空是由一位死去巨人的头骨构成的。而你并不见得就比你的祖先聪明。你只不过是运气好点，出生的时间比他们晚罢了。

第五章　家乡

你觉得你的家乡怎么样？我已经注意到了，你们当中有些人对自己家乡的足球队（尽管在世界上的某些地方，“football”这个词有着不同的含义*。全是你们这个荒唐的物种自找麻烦）和本地的食物有着感情。我经常在想：奶酪牛肉三明治是什么东西？它跟马又有什么关系？你们中的有些人似乎想着离家乡越远越好，为此格外卖力地工作。我一直不太明白这一点，因为从我的角度远眺，你们全都来自同一个地方。不过，我猜对于像你这样微不足道的小家伙来说，海洋看起来应该很辽阔吧？它应该会你阻挡住你远行的步伐吧？

所以，请允许我向你介绍一下我的家乡，广义来看，它同样也是你的家乡。你大可为它感到自豪，实际上，我还要鼓励你为之自豪呢。但毫无疑问，你首先应该再多了解它一些。作

---

* 如在美国指橄榄球。——译注

为一个物种，你们人类做的太多决定都过于草率，因为在作出决定时，你们对实际情况并没有全面的了解。

当然了，除我而外，宇宙中还有别的星系，它们都不如我这样壮观，只有一个引人瞩目的星系除外。这些星系大多远在数千万光年之外，而且每过一秒，就会离我更远一点。但是，某些星系可以说就在我们银河系的后院外面。目前天文学家已经发现了大约50个这样的星系。如同任何一个社区的品质取决于居民的情况，我们这里可谓是鱼龙混杂。

它们——或者说我们——都被引力束缚在一起。只有在情况最极端的宇宙膨胀中，我们才会分开，而且即便是那样，也需要耗费几百亿年的时间。无论是从字面意义还是比喻意义上讲，我们都被对方困住了。

你们人类的天文学家将我们这个小小的星系群称为“本星系群”。

本星系群的宽度约为1000万光年，众星系簇拥在两个最具影响力的成员周围：一个是你们称之为仙女座的星系，另一个嘛，自然就是我了。在本星系群中，别的星系统统比我小，唯独仙女座星系或许是个例外。而且，其他那些星系中的多数规模还不及我的1%。规模较大的星系引力较大，责任也较重，但最小的星系除了围绕着它们旋转之外，就没有多少作为了。它们就是那种什么事都懒得参与的邻居，节日来临时不做任何装饰，参加野餐聚会时也什么东西都不带，不在邻里监督组织里担任志愿者，其他社区的事物也一概不干。但它们仍然会吸收一部分资源。除了邻近空间之外，我们真正关心的资源唯有星系间的气体。

我尽量不去多想这些烦人的盘旋客。它们在我的晕轮周围不停地嗡嗡乱叫，如果专注于它们的时间过长，我会不舒服的。你们这些血肉之躯或许会将这种感觉称为“痒痒”。你们的天文学家已经观察到了这种情况，以及我是如何扭动摇摆银盘来做出回应的[①]。

有个讨厌的家伙特别过分，那是个矮星系，你们的天文学家称之为“人马座矮星系”。几亿年前，它大胆跑到了距离我特别近的地方，扰得我让我不胜其烦，直到我开始用引力将它撕裂才罢休。如今，它的恒星分散在我的身体各处，形成了所谓的人马座星流[②]。在未来的亿万年里，我还可以拿它的气体当零食。较小的星系吞噬起来反而需要更长的时间，因为它们的质量很小，很难对其施加良好的引力控制，但它们的败亡终归是不可避免的。既然我知道十亿年后，我终究会把某一个星系吞噬掉，那现在还犯得着对它表示友好、甚至跟它交朋友吗？难道你曾经对着一盘硬糖敞开心扉吗？

然而，随着时间的推移，有那么几个邻近星系却成了我的朋友——我猜你可能会这么形容它们吧。其中最大、最亮也最重要的一个就是仙女座星系，不过眼下，我先不会透露太多这个故事的细节。剩下的还有拉里、萨米和小三，或者用你知道的名字来称呼，大概就是叫大麦哲伦星云、小麦哲伦星云和三角座星系。

用“朋友”这个词来形容它们可能有点过了，而且未必准确。你能不能找到什么词来形容这样一种东西呢：你之所以能容忍它出现在你的生命中，是因为它一旦消失，就会带来令人心碎的孤独和绝望[③]。

实际上，你们人类并不强大的肉眼便可以看到它们仨。或者说，在你们这个物种把各种各样的污染物排放进地球大气层之前，至少你们祖先是可以看到它们仨的。

如今，你就只好费点周折，跑到某个天色够黑的地方去窥上一眼了。倘若你从未体验过这样的长途旅行，也用不着难受。反正不管怎么着，这之中也只有一个值得你稍加注意，另外那两个家伙一个是心怀嫉妒的失败者，另一个则无聊透顶。

咱们就从其中最差劲的那个开始说起，行吧？

和我一样，三角座星系[④]也有不止一个名字：梅西叶33（你们的天文学家经常将其缩写为M33）、NGC958，有时叫风车星系，还有个名字是我个人最中意的：“后进生小三”。最后这个名字并没有获得你们那个了不起的IAU认可，不过它其实应该得到完全的认可，因为这个称呼名副其实！小三的尺寸相当于我的一半多一点，包含的恒星数量或许有我的1/10，这样一来，它便成了本星系群中的第三大星系。这一直让小三愤愤不平。

假如我透露一下，古代人类的传说中压根儿见不到它的身影，那我可以肯定，小三也会为此烦恼的——虽然它绝对不会承认。至少，凡是我听得见的那些被高声传颂或频繁提及的故事，没有哪一个提起过它，而且那些故事似乎没有流传下来，你是听不到的。小三的光彩过于黯淡，因而不具备广泛的用途。

到了17世纪，才出现这么一个人，不惜劳神，用能完好保存的方式来记述小三的情况。那是一位意大利天文学家，名叫乔瓦尼·巴蒂斯塔·霍迪尔纳（Giovanni Battista Hodierna）。他是位颇有建树的宫廷天文学家，笔记做得非常出色，每当看到值得注意的天体，他就能察觉出出它们的重要性。他把小三描述为“靠近三角区域”的一团无名星云。在那个年代，天空中任何一片朦胧的区域都被称为星云，而他提及的这个三角区域，便是现今所谓的三角座。又过了100多年，小三被法国天文学家查尔斯·梅西叶（Charles Messier）列进了梅西叶目录，即北半球可见天体的列表，成了其中的第33个条目，因此得了个绰号，叫做M33。但你想不想知道其中最精彩的部分？在你们地球上的18世纪，梅西叶及其同时代人最感兴趣的事是辨认彗星，于是，梅西叶拟定了一份清单，列出了所有阻挡视线的烦人天体。小三的大名赫然就在这份清单上！哈！他这个星体做得真失败啊！

小三位于本星系群的另一端，离我们有将近300万光年。这对我来说实在妙不可言，但对仙女座而言却很不幸，它不得不“享受一番”——说这话时，我只能尽力采用讽刺的语气，因为我没有眼珠，没法朝你翻白眼——把小三固定在轨道上。

小三总是会被仙女座吸走一些东西，为其提供氢气和恒星流，但它还是亦步亦趋地跟随着仙女座，像条害了相思病的忠犬。遗憾的是，随着时间的推移，小三可悲的求爱行为终将开花结果，因为假设它们俩保持目前的轨迹不变，那么大约再过20亿年，这两个星系很可能就会合二为一。不过这一点很难确定。我唯一有把握的是仙女座会毫不留情地对它下手，然后别忘了，在本星系群的另一端，还有一位与它般配得多的伴侣正在静候呢。

在那一刻来临之前，三角座还会继续冲着我无礼叫嚣，说些让人觉得可悲的话，比如：

“哦，你一年能产生的恒星加起来才这么点儿啊？”

“在整个本星系群里，就数我的X射线源最亮了。”

“你的自转曲线看着也忒陡峭了吧。”

坦率地说，小三说的话我根本就不在乎。以如此巨大的差距忝列三大星系，这滋味肯定很不好受吧。我实在是太宽宏大量了，有时候，我甚至还为那个可怜的旋涡星系感到难过。

但还没难过到要一直说它的地步，我们还是接着讲下一个星系吧。

你有没有遇到过这样的家伙：就是，没法，作出，决定，的那种？我估计在你眼里，这样的人无非是决定不了该去哪里吃晚餐，或者要不要接受某一份（大概是平平无奇的）工作。呃，在我们的邻近空间里，那样的家伙就是拉里了，因为它决定不了到底要当星系还是矮星系。

拉里是本星系群的第四大星系，它既没有在排名上继续往上爬的妄想，也不会因为参加不了比赛而感到难过。小三的小心眼儿来自离伟大仅有一步之遥，而拉里则向来没机会担任特别角色，因此，它对自己的身份也就没有任何的执念。

但这并不是说拉里就不会给人留下一点点深刻的印象。它的直径达到了1.4万光年，质量比太阳大100亿倍，这当然很不一般，尤其对一个矮星系而言。拉里只是……优柔寡断罢了。这很没劲，而且我不喜欢身边有这种类型的能量存在。我知道，你在地面上是看不出来的，所以就只能相信我对它的评价了。因为我这个星系一直眼看着拉里心不在焉地推着尘埃和气体打转，这样的日子它过了几十亿年。

拉里只有一根旋臂，甚至不能完全算是旋涡星系。独臂！你们的天文学家以拉里命名了整整一类星系，我只能认为这是一种对它的怜悯。所以现在，有一整类星系统统被称为“麦哲伦型旋涡星系”，它们都只有一根旋臂⑤。这着实算不上什么厉害的星系类别，因为它们实在太平常了，组不起什么高级俱乐部。

拉里还一直离得特别近。50个千秒差距，或者16.3万光年，或者960仟兆英里——无论你怎么表述吧，这个距离也不够遥远。仙女座都没办法挤进我们之间的缝隙里。我的小居民们，这一点简直让我无法接受。

如果你问我的话——虽然我知道你没问，但正因为如此，我才会像你们那句话说的那样“磨叽半天”才说：拉里最有趣的地方在于它跟萨米共同的纽带。这样的纽带完全出乎意料，也算不上理所应当。我这里所说的确实是真正的纽带。在过去的几十亿年里，有一股恒星及气体流绵延在这两个矮星系之间，将二者连接在一起，这是无数次引力相互作用的结果——假设我长了眉毛的话，那我一定会眉飞色舞地摆出猥琐的表情。虽然这让我感到诧异，但这样的结合对它们来说是件好事。在过去的20亿年里，二者的恒星形成速度明显加快了——只是按照它们的质量，这样的表现仍然不够水准。它们似乎很幸福，我也替它们感到高兴。它俩的生命十分短暂，应该趁着还能享乐的时候，就该尽情地体验。

它们可能算是跟我相熟的吧——我甚至认为萨米最算是我真正的朋友，但我们谁也无法长久地违背自己的本性。再过几十亿年，我的引力会把它们吸引过来，然后我会把它俩一并吞噬。

但也别可怜它们。我们一直都知道，那一刻终将来临，哪怕它们的恒星确实会被分散到我全身各处，但这也算是它们得以留存的一种方式。

但现在说这件事有点太早了。我还没有好好地向你介绍萨米呢。

你或许管萨米叫“小麦哲伦星云”，倘若你住的地方靠近你们这颗星球的南半球，那你甚至有可能见过夜空中那模糊不清的一团。萨米距我只有20万光年，质量仅为太阳的70亿倍，是离我最近的邻居之一，可悲的是，它还是我最大的邻居之一，仅次于拉里。

萨米正是你们天文学家所谓的不规则矮星系。据我所知，在人类天文学家的口中，“不规则”的意思就相当于“怪模怪样的一坨”，只是这种形容方式不至于显得无礼，也不会过分口语化。这么一看，你们的天文学家可真是温文尔雅呀。这话的意思大致就是说，萨米不像我这样，呈现出美丽的螺旋形，但其实并非每一个星系都能拥有我这种堪称典范的形态。

我大概应当承认，它这种不规则的形态是拜我所赐。萨米原本是个缩小版的旋涡星系，中央有一根强大的星系棒，连接着各旋臂——如果借助你们的望远镜，仍然可以观测到残留的棒影——可是有一天，我有点恼火，企图用我的引力把萨米撕裂。我发誓这绝不是出于嫉妒！我当时已经有几千年没吃过半点儿东西了。哪怕是星系，饿极了也会发火的。

凭借你们弱小的眼睛，也可以毫不费力看见拉里和萨米——它们俩往往一起出现——正因为如此，你们的祖先很早就认识了它们，也讲述过它们的故事，在那之前还没谁关注过它俩呢。波利尼西亚的水手知道如何依靠拉里和萨米来辨别方向；在现今的新西兰，毛利人会标记下天空中大小麦哲伦星云的回归，以此来预测天气；某些澳大利亚土著将它们视为亲人灵魂的安息之地。一代又一代过去，关于如何利用这两个矮星系的知识被编织进了传说，通过口口相传，让人更容易记住它们。多数这样的故事都与我无关，唯有一个例外，也是出自澳大利亚。在这个传说里，拉里和萨米是一对年迈的夫妇，人称朱卡拉。这两个人年老体衰，无法自行寻找食物，所以只好依靠仁慈的星星人从天河捎鱼给他们吃。那条天河嘛，当然就是我了。那些古人无法知晓，有朝一日，食物在我们三者之间交换的过程竟然会逆转。

倘若你从未听过这些传说，那你多半是来自这个蓝色小点上的北半球，因为从那里看见拉里和萨米并非易事。北半球的大多数人似乎都很熟悉希腊神话和挪威神话，这些神话里应当没有提及过它们。

一旦发展出了书面语言，凡是“盐”究工作*做得不错的人类天文学家都记述过萨米和拉里——要知道，在人类历史上的大部分时代，盐这东西都是相当宝贵的——只不过他们没有用这两个名字来称呼它们。一直到你们所谓的16世纪——这么说是因为你们显然忽略了在此之前的4500百万个世纪——人类才开始称其为大小麦哲伦星云，因为当时有个名叫麦哲伦的吹牛大王在环球航行时看见了它们。

无论是好是坏，这些都是宇宙给予我的伙伴。你还在听我讲吗，人类？很好，因为我们要说的事还有很多。

我刚才随口说出了一些距离，比如20万光年、1000万光年，就跟你能听明白似的。是我不好——我知道，你们星球太小了，你们的小脑瓜无法想象这样宏大的尺度。我甚至都不确定你们的天文学家是否就能真正理解这样遥远的距离了，不过他们至少找到了测量距离的方法。

从你们受限的视角来看，夜空看似是个二维的平面。实际上，早在古代，你们的有些祖先就认为天空是条包裹着大地的毯子，但却像是一条魔毯，上面有移动的图像。你们的天文学家挺聪明的，他们找到了一种方法来增加第三维，那也是个相当重要的维度：距离。他们想出了一系列的方法，用来测量越来越远的距离，并称其为“距离阶梯”。

---

* 原文在这里借字面意义开了个玩笑。——译注

这个阶梯的第一级只对近处的物体有效。你们的天文学家称之为视差法。即使是在最理想的情况下——用最好的望远镜，观测夜空中最明亮的目标——若要得出可靠的结果，也只能测量到大约1万光年多一点的距离。这还到不了我最近的相邻星系。

视差的原理即是测量随着观测者的移动，一个物体的视位置（即它在天空中似乎占据的位置）发生了多大的变化。你本人可能在较小的尺度上做过同样的事，只不过当时你很幸福，并不知道有这么回事。假如你伸直手臂，将大拇指竖起，先闭上一只眼睛，然后再转而闭上另一只眼睛，那你的大拇指似乎就在移动，对吧？这就是视差在发挥作用。物体离我们越远，它移动的距离就显得越小。正因为如此，对于距离较远的目标，这种测量距离的方法就不那么可靠了。

“但是，伟大而仁慈的银河系啊，”你会问，“既然我们人类被困在这个微不足道的小小星球上，那天文学家又是怎么想出这办法的呢？”（至少我猜你会这么问我。）

答案再简单不过了，人类。你们是被困在这颗星球上不假，但它却在围绕着太阳转动啊。当你们星球从太阳的一边移动到另一边时，天文学家就可以测出遥远天体的表观位移。

视差法甚至还让你们的天文学家创出了一种新的测量单位。其实，这种情况经常发生，但我认为，这个单位的概念值得花费时间和精力来向你解释一下。

这个新的测量单位名为秒差距，是从太阳到视差为1弧秒的天体的距离。看来我还得再解释一下何为弧秒是吧？好吧。弧秒就是用来测量微小角度的单位。你听说过“度”吧？不是温度的度，而是跟形状有关的那种度。1弧秒相当于1弧分的1/60，而1弧分又相当于1度的1/60。如果你愿意的话，大可将1度称为“1弧时”。可是只有读过本书的人才会明白你说的是什么意思。

哇，原来这个解释比我以为的要愚“钝”多了。（这是给你准备的一个与角度有关的小幽默。我真是太敏“锐”啦。）

比起光年或英里，你们的天文学家用秒差距的时候更多，所以，从现在起，我会用这个单位来描述距离。为了避免造成什么影响，也免得你只是把这些数值念成“某某特大数字云云”，我说明一下：1个秒差距相当于3光年出头。还要再细化一下的话，大约相当于19万亿英里。

天文学家虽然用秒差距来表示你们与银河系外目标之间的距离，但是，这样的距离他们并不是用视差法来测量的。为了解释清楚这个，我们需要登到他们那个距离阶梯的下一级。

从前有一段时间，我还在做实验，想看看能把我的气体塑造成什么有趣的新形状——调皮捣蛋的年轻星系都习惯这么干。我当时经历过一个阶段，爱用不同天体的光度或亮度来玩要。我想看看我能以怎样的持续度产生出某个特定光度的天体，所以，我就创造了一些恒星，随着时间的推移，它们会以完全可以预测的方式变亮或变暗。我还造出了几对恒星，当其中的物质最终相互接触时，它们就会在某个特定的亮度发生爆炸。设计这些恒星那会儿，我并没有考虑过你们，然而，你们的天文学家仍然可以利用它们来测量与遥远目标之间的距离。他们将这些天体称为“标准烛光”。

你们人类依靠蜡烛来照明已经是好几代人以前的事了，所以我还是用灯泡来解释吧。不妨想象一下，在一条又长又黑的走廊里，你点亮了一盏灯，然后从灯旁走开。当你越走越远时，灯泡看上去会显得更亮还是更暗呢?

我向宇宙祈愿，希望你说出的答案是更暗。

是的，灯泡本身的内禀亮度尽管并没有改变，但当你穿过那条想象中的走廊时，它的表观亮度却会变暗。之所以会这样，是因为当你远离灯泡时，它的光在射入你眼中之前，会先扩散到一片更大的区域。你们的天文学家和物理学家称之为平方反比定律，即物体的表观亮度与你们之间距离的平方成反比。

但愿你现在已经明白了，如果天文学家知道了某个遥远天体的内禀亮度和表观亮度，就能推算出那个天体的距离。

天文学家最常用的标准烛光有两种，一是造父变星，二是天琴座RR星。它们发挥作用的原理是一样的，只不过造父变星比天琴座RR星更为明亮，因为它们是从质量大得多的恒星演化而来的。其实，这二者都不应该被称作“标准”，因为它们并不具备作为标准所必需的恒定亮度。但是人类天文学家未必特别擅长为事物命名。反倒是恒星脉动会随着时间的推移发生周期性的变亮或变暗。你们有些天文学家迫不及待地想找到某种方法来测量更加遥远的距离，幸运的是，对他们而言，恒星的内禀亮度与其脉动的速度相关——脉动速度越高，恒星亮度就越低。

既然我在这里，那我不妨告诉你它们为什么会发生脉动。当恒星受到自身引力的挤压时，会变得更不透明，或者说透明度下降。粒子被困在新的不透明表面内部，开始升温，这就加剧了恒星内气体向外推挤的压力。然后，恒星会发生膨胀，透明度随之升高，并随着光子的逃逸而冷却下来。这就会导致恒星收缩，并再次开启收缩与膨胀的循环。因为温度越高的恒星亮度越大，所以这种尺寸与温度的脉动也会导致其光度发生可以预测的脉动。

第一颗变星是在你们的18世纪被人发现的，但是又过了150年，才有人意识到恒星的变化周期与其亮度有关。20世纪初，一位名叫亨丽爱塔·勒维特（Henrietta Leavitt）的女性在工作中发现了这一关联，可悲的是，她完全被大材小用了，困在那个所谓的“哈佛人肉计算机”里。信不信由你，对于在哈佛大学天文台从事数据分析的几十名女性来说，这个绰号还算是相对客气的⑥。勒维特当时正在对拉里的造父变星进行观测，以便测出它们的亮度，她留意到，它们存在着一种特殊的脉动现象。趁着你还没以为拉里因此就变得有意思了，我得赶紧说一说，我随便哪一个卫星星系都可以代替拉里的位置，因为它们都可以提供与你们的距离大致相同的恒星样本（任何一个矮星系的尺寸都比我们之间的距离小得多）。拉里仅仅是提供了一个等距离恒星的大型样本，方便勒维特的使用而已。

勒维特的研究打开了通往更遥远的宇宙距离的大门，帮助人类天文学家真正理解了我到底宏大到了怎样的程度。作为标准烛光，造父变星被用于证明其他星系的存在，甚至宇宙的膨胀。可以确定地说，假使没有亨丽爱塔·勒维特，人类天文学的发展进程将与现在截然不同。然而，直到她去世以后，才有人想到应当对她的工作予以相称的嘉奖。你们这些傻瓜啊。

天文学家用来测量距离的工具并非仅有造父变星。有时，他们会用所谓的Ⅰa型超新星作为标准烛光。超新星就是一种恒星的爆炸。不用说，天文学家已经对其进行了分类。真是彻头彻尾的人类行径啊。说实在的，其他还没有哪种动物会这样动不动就给东西进行分类。

确切地说，所谓Ⅰa型超新星，就是由两颗恒星之间的物质合并或交换引起的爆炸，在数百万年的时间里，这两颗恒星围绕着彼此运行，相距越来越近。在发生碰撞的恒星中，必定至少有一颗是白矮星——它们是一颗庞大得多的恒星在将氢聚变为氦的进程停止后，残留下的正在冷却的微小部分。总有一天，你们自己的太阳也会变成白矮星的！只不过，在亲眼看到那一刻之前，你早就已经去世了。

相撞中的一方要是白矮星，这很重要，因为白矮星是由某些特定的恒星形成的，它们恰好并未达到在氢燃尽以后发生超新星爆发的质量界限。于是它们没有爆发，而是密度变得极大，大到足以让恒星原子内部的电子被推到过近的距离，这样就引发了一种被称为电子简并压，电子简并压会产生向外的挤压力，与企图将恒星向内碾压的引力相抗衡。理论上而言，电子简并压与引力可以始终保持平衡。然而，假如某颗白矮星能从伴星那里吸积或聚集物质，它的质量就会超过超新星爆发的阈值，整个系统就会随之爆炸。

有些人类同胞或许会试图说服你，之所以会发生这样的爆炸，是因为恒星达到了所谓的钱德拉塞卡极限，一旦超过这个极限，引力便会占据上风，恒星会在自身重量的作用下坍缩。这个极限相当于你们太阳质量的1.4倍。然而，说这话的人其实搞错了，你应该相信我，因为我才是这些系统最初的创建者。

你应该相信我的另一个理由是，某些 Ⅰa型超新星包含了质量超过钱德拉塞卡极限的白矮星，它们因此被称为超钱德拉塞卡白矮星。

爆发的质量阈值之所以是太阳质量的1.4倍左右，是因为这时恒星才具备充足的压力，能在核心处以聚变方式形成碳。一旦燃烧的碳与恒星其他部分极其丰富的氧气相遇……砰！爆发随之而来。

我用了数十亿年的时间，来摸索这些发生爆炸的双星中每颗恒星的质量与其化学成分的完美平衡。这是真正的艺术，而你们人类却仅仅用它来计算距离的数值。

由于这些类型的爆炸不一定恰好发生恒星到达在钱德拉塞卡极限的时刻，所以它们的光度是不可预测的。从严格意义上来说，它们也算不上标准烛光。然而，超新星的光度与爆发变暗的速度有关。光度较高的超新星变暗的速度也更快。你们人类可以利用这种关联，将Ⅰa型超新星转变为标准烛光。

不过，在人们相信能用标准烛光测算出准确的距离之前，需要先将用视差法计算得到的距离与之进行对比。为了确保每个新方法的有效，在达到下一阶梯之前，这种重合度对比都是必不可少的。

借助这些标准烛光，你们的天文学家便可追踪更多与我相邻的矮星系，绘制出它们的天体图。相较于我自身的存在，它们实在是太微不足道了，我都懒得在你面前提起：凤凰座、船底座、雕刻家矮星系，另外还有几十个。这样可以让你们的天文学家更好地理解本星系群的形状。

当然了，有标准烛光，也有并不“标准”的烛光。这些天体不属于任何一个特定的恒定光度分类，比如遥远的星系和高能黑洞，但即便如此，天文学家也已经计算出了它们的亮度，那样。光度测量往往依赖于模型，这可能会给方程式带来不确定性。但是，天文学家早已习惯了面对不确定性。一旦有了模型，他们就会用剩余的全部职业生涯中来降低这些误差。

在特殊情况下，天文学家还可以用他们所谓的“标准警报”来确定距离。从表面上看，它们的作用原理跟那些所谓的烛光差不多——都是将目标的观测值与其固有属性进行比较。这里所采用的警报是引力波源——这种事件的能量极大，可以在我们所处的时空结构中产生涟漪。这些信号源发出的信号有其特定的频率，你们的天文学家有时会称之为啁啾信号，不得不说，这个称呼挺可爱的。

在这些警报和非标准烛光当中，有一些被用于测量与本星系群以外的天体之间的距离。在本星系群外，你可以找到其他星系团，有些甚至比我们这个星系团还要大。其中，相距最近的一个被你们的天文学家称为室女座星系团——如果你愿意的话，也可以说它是下一座城镇。“城镇”其实把它说小了，因为室女座星系团真的是浩瀚无比。室女座星系团坐拥1300百多个星系，假如说它相当于曼哈顿，那本星系群顶多只能算是……克利夫兰吧？哪怕是这样的比喻，对本星系群可能也言过其实了。不过，室女座的星系比我们多也并不代表你就能从中就能挑出哪怕一个比我强的。我的意思是，就好比克利夫兰虽小，却曾经出现过像勒布朗·詹姆斯这样的人物，他显然是有史以来最伟大的球员。

除了室女座之外，还有天炉座、唧筒座、天龙座，以及将近100个其他星系城邦，它们共同组成了室女座超星系团。之所以如此命名它们，是因为室女座星系团就位于这个超星系团的中央。毕竟，宇宙是分形的存在——在越来越宏大的尺度上，你会发现相同的形状和模式一再重复出现，从原子到行星系，再到超星系团，莫不如此。

我从未离开过本星系群，因为这里有我所需要的一切。坦率地说，我就是把这个星系群团结到一起的黏合剂。

除此而外，如果宇宙继续以现有的速度膨胀，终有一日，室女座与其他星系团将会消失在我们的视线之外。此时，我们这个社区中的每一位邻里都可以感受到彼此的引力，但我们绝非被引力束缚着。

你们的天文学家并不满足于将对宇宙的理解局限于室女座超星系团，他们也不应当止步于此。这正是我对你们这个物种始终抱有某种尊重的原因之一。

要想研究室女座超星系团之外的目标，天文学家就必须先确定它们的距离有多远。对于如此遥远的天体，距离阶梯上最初的那几级就无法发挥作用了。下一道梯级是标准尺。我相信你现在已经明白了这个模式，你也应该知道了标准尺就是能够确定其实际尺寸的物体，可以将它们的实际尺寸与观测尺寸进行对比，借此来计算距离。

被用作标准尺的往往并非单一天体。虽然有时候你们的天文学家的确也会尝试着将单一星系用作标准尺，但我们是壮观的造物，又不是没脑子的绵羊，我们之所以会长到某个特定的尺寸，可不仅是因为其他星系也长了这么大。天文学家经常用作标准尺的一种测量方式其实是重子声学振荡（BAO）。

唔，你根本不知道这个词是什么意思，对吧？我真的没有因此而看不起你的意思。你们人类可怜的小眼睛也看不到BAO这种东西，而且这一点你也没得选。为了解释这个词的含义，我只好把镜头从你的岩石家园上拉远一些。

引力可能确实很弱——即便弱小如你，只要屈伸几下肌肉，也可以暂时克服整个星球的引力——但它又是不屈不挠的。只要时间够长，引力便会将大部分星系聚集成星系团，将星系团聚集成超星系团，将超星系团聚集成巨大的丝状物质，亦即你们天文学家所谓的宇宙网。有少数几个星系倒霉得很，被困在了这张网的空隙中，比如梅西星系，或者用你们天文学家的话来说，叫MCG+01-02-015[7]。梅西星系可能是全宇宙最孤独的星系，在方圆3000万秒差距的范围内都找不到邻居。我毫不怀疑，这种与世隔绝的状态会带来某些不利之处，但是，哦，假如能摆脱我那些卫星星系对我的殷切期待，远离吞噬气体的激烈比赛，摆脱跟其他星系争斗求存的压力，获得几千年的喘息之机，那我愿意不惜一切代价。

不过，我们不必将画面拉到宇宙网那样遥远的地方便可看出，宇宙中的物质在分布上并不均衡，存在着密度过高和过低的区域。在整个太空中，这些波峰与波谷之间的间隔是固定不变的，简直就像一道强劲的涟漪，在宇宙中蔓延，并在每一处波峰上聚集起所有的普通物质。实际上，当宇宙年龄尚幼、尺寸尚小、温度高得连原子都还尚未形成时，引力便曾经尝试过要将所有的物质聚集到一起。密集的粒子运动产生了额外的热量，带来了向外推挤的压力，宇宙一度陷入了对立作用力间的一场和谐之舞。这样来回往复的拉扯在宇宙物质中产生了波，在我们被拉伸着分开时，波的形状仍旧保持不变。

你们的天文学家之所以会知晓BAO的存在，还要归功于斯隆数字巡天（SDSS），这是一个敏感度很高的观测项目，针对的是宇宙中所有的星系。在20多年的时间里，这个观测项目使用了超过1.2万个铝质圆盘来收集数据[8]，测量了400万个星系、黑洞和恒星的光谱。多亏了SDSS，你们的天文学家如今才能拥有史上精确度最高的3D版宇宙星系天体图。

重子声学振荡留下的涟漪是该项目第一阶段的首批发现之一，现在，你们的天文学家已经将BAO的测量误差控制在了1%以内。一旦发现密度过高的区域，他们便可以用这些区域之间固定不变的距离作为标准尺。标准尺收集的距离尺度极其宏大，能帮助天文学家更好地确切了解我们宇宙膨胀的速度。

正是这种膨胀将你们引向了距离阶梯上的最后一级：宇宙红移。

在较小的尺度上也可以看到红移，还有与之相反的效应——蓝移。这两种效应同样可以作用于听觉，因为多普勒效应适用于任何一种以波的形态传播的信号。光源在离你远去时，仍会继续发光，但同样的光照到达到你视线的时间会稍微变长，因为它是从更远的地方传来的。你或许曾经听某些人类同胞说过，这是由于光波被拉长了，但这样的描述并不完全准确。并没有哪种力直接作用于光波；只是随着光源逐渐远去，每一道光波要走过稍远一点的距离，才能传播到你这里。你们科学家将这种效应称为红移，因为红光的波长比蓝光更长。假设你将其完全颠倒过来，让光源朝着你的方向移动，光波似乎发生了压缩，由此产生的效应便是你们科学家所谓的蓝移。

宇宙红移的原理与此类似。只不过在这种情况下，光波确实受到了拉伸。宇宙膨胀并不代表各个星系只是在静止不变的环境中离我远去——事实其实是我们之间的空间本身正在扩大，就像给气球吹气时候它的表面被撑开，或者在烙煎饼的时候把面糊往外擀开那个过程。在朝着你我传播的途中，困在那个空间里的光波也会受到拉伸。

你们的天文学家可以测出某个遥远天体的光波朝着电磁波谱的红端拉伸或移动了多少，然后利用这个数值计算出它的距离。

借助宇宙红移效应，天文学家便能测量出接近可观测宇宙边缘的天体距离。限制你们的甚至已不再是天空，而是望远镜的灵敏度。比起距离较近的天体，遥远的天体看起来更加模糊，用你们的望远镜观测起来的难度也就更大。尽管如此，你们的天文学家还是已经把现有的技术推进到了极限，而且观测到了红移大于11的星系。这个数字本身并不具备任何实际意义，它只是用来衡量其他数值的。你们的天文学家很有创意，将这个遥远的星系命名为GN-z11，我与这个星系素未谋面，所以不知道它喜欢叫什么样名字。我们只能看到它134亿年前的样子。没错，上百亿光年。你们天文学家观测到的GN-z11星系离大爆炸发生的那一刻才刚过去了4亿年。

我想这样来评价那些天文学家：他们利用少量的资源，完成了大量的研究。你们人类是怎么说的来着？得了柠檬就索性做成柠檬水，尽力把困难变成机遇？嗯，如果用来比喻一下刚才所说的这种情况，那我只不过是给他们看了一张柠檬树的图片，他们就把剩下的事全给琢磨出来了。

孩提时代学习科学方法的时候（假如你学过的话），你可能就知道科学需要实验。不过其实呢，人类啊，某些科学在本质上就是观测性的，而非实验性的。

你们的天文学家尚未确定要如何造出用于实验的微型恒星。他们无法创造出不同的星系群，并对其中的某一个加以操控，借此观察这种操控带来的影响；他们必须使用业已存在的东西来进行研究。他们搜寻着可以用于控制星系群的目标，从被大自然所操控的对象中创建起用作测试的星系群。

这种类型的观测科学甚至也可以应用于你自身的生活。我见识过大多数人解决问题的方法。你们会利用武力或诡计，让事情按照自己希望的方式来发展。或者你们会对遇到的困难视若无睹，只盼着它们不会掉头扑过来——那句话怎么说的来着？让你自食其果。（难道不应该说成“自食其过”吗？）假如你们多花些时间去观察观察周围的世界，留意一下遇到难题的根本原因，再向别人学习学习如何摆脱类似困境的经验，那情况就会好得多。毕竟，天文学家们正是通过这样的方式，才将视野扩展到了可观测宇宙的边缘。

说到宇宙的边缘，你们的天文学家的确在努力向你们其他人传达自己的研究成果。但很显然，浩瀚的宇宙让你们大多数人感到不自在。一听说相距数十亿光年的星系，你就会想到自己有多么渺小。自身的无意义非但没有令你受到激励，反倒让你灰心丧气。

不错，在万物宏大的体系中，你的生命毫无意义。你永远到达不了我的另一端，也影响不了本星系群另一端的任何事物。咱们开诚布公地说吧，我现在之所以要跟你说话，只是因为怀念听你们祖先讲故事的时光，并渴望你能把那些故事再讲一遍，借此获得短暂的满足。我之所以用了“短暂”这个词，是因为我知道，过不了多久，你们这个物种就会全体灭绝。

然而，这就意味着你认识或不认识的每一个人也同样微不足道。那些让你们的世界保持运转的名人、政客和有影响力的人没比你重要多少，也就是说，你们都“不太重要”。无论你做出怎样的决定，都不会对宇宙产生重大的影响。得知自己的行为无足轻重，这不就让人感到心安理得了吗？对于你和你的人类同胞，你的行为或许很重要，但我可以保证，哪怕是在你们这样渺小的尺度上，你多数的选择也不像你担心的那么意义重大。

我倒是希望能像你一样，过着无足轻重的生活，这样的话，像真正的责任这种烦琐的东西也就打扰不了我了。唉——真正的自由总是与我无缘。

第六章　身体

我在前文中说，我把所有应尽的责任都设置成了自动运行模式。这么说可能太谦虚了，我可不希望你以为我什么也不干，因为每天当星系的日子简直把我累坏了。除了要把整个邻近空间里的至少50个星系聚拢到一起之外，我还需要传送和塑造自身的气体，另外还得监管上千亿颗恒星。好在我的身体天生就适宜于挪移群星，这也算是我们大家的一种幸运。

我并不指望你知道我长什么样。你又未曾一次性见过我的全貌。哦，但是你们当中却有许多人自以为早就知道了！好吧，虽然我很愿意向你透露一下，可惜你们见过的我的那些照片没一张是真实的。它们虽然来源于数据，却都是艺术家的印象画。实际上，还从来没有哪一台人类制造的机器飞出过我的范围，身在一个房间的人是没法给整座房子拍照的。

总的来说，我的身体分为3个不同的区域：银心、银盘和银晕。

我们先从你大概最熟悉的部分开始说起吧。你见过的艺术画固然很好地凸显了银盘——也就是带有我标志性旋臂的扁平部分——但并未向你展示出我的全貌。

假如我能告诉你，银盘两边之间的距离正好是30千秒差距，那就太好办了。（我相信你还没有忘记秒差距这个概念吧？千秒差距就是1000个秒差距。）但是我却不能这么说，因为我并没有“边”。哪个星系都没有边缘。我们皆是由尘埃和气体组成的，如果我们任其无拘无束地漫游而不加以引力的控制，那这些东西既不会维持固定的形状，也不会保持不变的体积。所以，即便我浩瀚而强大，具备的引力足以将自身聚拢到一起，那些靠近边缘位置的粒子也始终处于运动之中。这让我拥有了某种朦胧感，我很喜欢。

而另一方面，你们的天文学家却会由于无法得出星系确切的尺寸而感到懊恼。于是他们便想出了几种困难的量化方法来进行测量。有时他们计算的是星系的标尺长度，即从星系中央到亮度仅为峰值的1/e处的距离。这种算法假设星系中央的亮度最高，向外朝着（朦胧的）边缘移动时，亮度便会随之以指数级的方式降低。一般情况下，这个假设确有合理之处，但也并非始终如此。

你大概以为，数字看起来必定是一副……呃，数字的样子，对吧？我总是会忘记你们人类中的大部分有多么没文化。但是我毫不怀疑，你肯定曾经听说过π，也知道它代表着一个特定的数字。和π类似，e也称欧拉数，约等于2.72。欧拉是一位瑞士数学家的名字，他是在这个数字被世人发现之后才出生的。只要你留心观察一下就会发现，e与π一样，在自然界中随处可见，从你银行账户的复利，到一场随机游戏的获胜概率，处处都有它的身影。

还有些时候，天文学家计算的则是星系的半光度半径（即亮度降至峰值一半时的半径）和半质量半径（这个概念我肯定就不必再向你解释了吧）。

不过，若是你愿意容忍稍嫌模糊的数值的话，那么，我银盘的半径约为15千秒差距。从此处开始，我会将“千秒差距”简称为“kpc”。你们小小的太阳系距离我的边缘大约有8kpc，所以，你们差不多算是最平庸的系统了。恭喜啊，庸人！

你很可能把银盘想象成一个扁平的平面，严格来说这没毛病，因为整个宇宙是平坦的，但这么想并不准确。实际上，我的银盘从上到下的厚度大约达到了1kpc。在垂直纵轴上，你们这颗星球仍然居于正中位置，只略高于银道面一点。

我的恒星有70%—85%都位于银盘上——这些恒星沿着自身的轨道运行，可以在我不同的区域进进出出——我大部分的新恒星也都是在这里诞生的。银盘上的恒星是表现最好的，它们围绕着我的中心，沿着优美的圆形轨道运行。当然了，轨道并非正圆形，而是存在着某些偏差，你们的天文学家称之为本轮，看着有点像……那玩意儿叫什么来着？玩具弹簧！银盘上恒星的轨道犹如一根长得惊人的玩具弹簧，向外延展开来，围绕着我的中心，形成了一个圆圈，恒星在运转时便沿着这条曲线行进。

由于它们沿圆形轨道运行，所以追踪难度比我体内的其他恒星要小得多，因为我可以预测出某时它们会在哪个位置。我实在忙得不可开交，知道有几百万年的时间可以不用盯着位于银盘上的某一颗星，又不用担心它会游荡到随便什么地方，我真是松了一口气。但这并非侥幸，只不过银盘移动的方式就是如此。如果你愿意的话，也可以称之为星系这个行当里的一个小诀窍。人类最厉害的比萨厨师也知道这个诀窍。比萨面团与庞大的气体云一样，在旋转时往往会变得扁平，因为大部分物质会朝着中央位置收缩，在旋转平面上，离心加速度会将其在径向上拉伸开来。

因为银盘的厚度远远小于宽度，所以，大部分物质都集中分布在一个扁平的平面周围，位于平面上方或下方的物质极少，这也就意味着引力主要只在两个方向上起作用：即朝向和远离我的中心的方向。无论如何，世上只有一个地方能成为所有“人”的向往之地，那就是我的中心。确实有少量物质存在于这一平面之外，它们正是导致我在前文中提到的本轮出现的原因。不过，我不能任凭所有的恒星都挤到中心来，因为那样只会把事情搞得一团糟，所以，我就把它们稍微扭曲了一下，这里说的扭曲就是字面上的那个意思。

我让银盘始终保持着旋转，这样一来，我的气体也会跟着我旋转，以免落入我的中心。你们的科学家称之为角动量守恒。假设有个旋转的物体，比如银盘或者人类的花样滑冰运动员，要是其体积变小的话，它就需要以更快的速度旋转才行。对于一颗恒星而言，这也就意味着，假如它移动的半径越小、越靠近中心，那它沿轨道运行的速度也会越快。谁有这样的能量可供消耗呢？我的恒星可没有，虽然有时候，它们会相互交换角动量，从而使其切换轨道，但在多数情况下，大家还是待在自己那条车道上的。所以，银盘的旋转塑造了它的形状，是我想方设法让它以这样的方式运行。我在这方面可是行家。

说到旋转，在我所有的照片里，你都能看见令人叹为观止的旋臂。我是如何长出这些旋臂的？你必定感到好奇吧。我有两条大旋臂，连接在中心的星系棒上，围绕着我的整个身体旋转，你们的天文学家将其分别命名为英仙座旋臂和盾牌座–半人马座旋臂。而我给它俩取的名字叫做……没有。因为它们只是旋臂而已嘛。就连你们这些奇怪的人类也是，虽然总是会给孩子起名，但你们也没给自己的手臂起过名字吧？那多奇怪呀。

不过，你们将其中一个旋臂命名为“盾牌座-半人马座旋臂”时，我还是觉得乐不可支，于是我开始管它叫“斯库特”，意思有点像小马快跑。

英仙座旋臂和斯库特还有几条分支，你们的天文学家有时将其称为支臂。貌似它们分别称为船底座-人马座旋臂、矩尺座旋臂和猎户座-天鹅座旋臂。你们太阳系恰巧坐落在猎户座旋臂的边缘。

刚一发现我的旋臂，你们的天文学家便开始发问，旋臂的成因何在？多年以来，他们提出了两种名副其实的假说。没错，哪怕是我这样一个最近才开始使用人类语言的壮丽天体，也明白假说与理论的区别。

第一种假说没什么戏剧化的成分。它认为我最初只是个分布均匀的圆盘，直到我的某些气体聚集到一起，形成了密度很大的长条纹，从中心位置向外呈扇形散开。我在宇宙中旋转行进的时候，那些与我纠缠在一起的条纹也跟着一起旋转。这个小小的假说问题在于，既然我已经旋转了这么多圈，那么我的旋臂本来应该比现在缠得更紧才对。每过2.5亿年，你们的太阳便会绕着我的中心运转一圈。才45亿岁那会儿，你们的太阳系便已绕着整个银盘旋转了大约18次。再加上40圈的话，你可以想象一下，我的旋臂会缠得有多紧。

另一种假说则认为，我的旋臂根本不是物质臂，也就是说，它们并不像是由气体和恒星组成的绳索，被我拖拽着一起移动。相反，旋臂就如同发生了交通堵塞的路段，然而之所以会形成这样的交通堵塞，并不是因为它也有人类别具一格的特征——反应速度慢；而是由于一道贯穿我全身的密度波。恒星、尘埃和气体被密度波卷入其中时，移动速度会减缓，于是物质就会聚集到一起，这片区域的密度也会有所增大，但它们仍在继续前进。最终，银盘里的一切都会从这道波中穿过。

有一段时期，你们的天文学家认为，密度波假说必定是不准确的，因为密度波的寿命相对较短——在短短的几十亿年后，密度波就会穿透我的全身，螺旋形图案也会随即消失。可是他们低估了我自身引力的力量。围绕在我旋臂周围的物质所施加的引力会使其保持着稳定的形状，就像香肠一样，但没香肠那么难看。

密度波的形成有几种不同的方式。每一个旋涡星系都有自己最喜欢的方式。例如，生活在另一个星系团里的涡状星系就更倾向于潮汐法。包括让几个伴星系——很可能是矮星系——伴其运行，并将一些气体拖拽成弧线形状。

你们的天文学家称之为NGC1300的那个星系则更喜欢中心棒法。虽然这需要星系付出更多的努力，但确实可以形成更对称的螺旋——凡是美丽的生物都知道，美貌是需要付出努力的。星系棒是位于星系中心的一批同步移动的恒星，往往容纳着星系内的超大质量黑洞和高密度的恒星集群，所以质量很大[①]，引力也随之变得很强。星系棒在旋转时，会为星系盘上的部分恒星增添共振推动力。共振意味着两个相关天体中一方的轨道周期变成了另一方的整数倍。恒星A每绕轨道1圈，恒星B就会恰好绕上2圈、3圈或者……对于第4圈的情况，你们已经找不到合适的词语来形容了。在地球上，如果你曾经推过坐在秋千上的人，或者击打过拳击沙袋，那你或许对这种情况有所体会。如果你与秋千接触的时刻恰好合适，就可以让秋千荡得更高。

若是将星系棒比做你的拳头，那它的恒星就像是沙袋。假设一颗恒星与星系棒发生共振，那么，每当它的轨道与星系棒对齐时，运转速度就会获得额外的提升。一路向外，莫不如此，直到星系朦胧的边缘。然而，由于更靠近星系中心的物质移动的速度往往比靠近外侧的物质至少略快一点，所以内侧的物质移动速度比星系棒更快，外侧的物质则要慢一些。所以，内侧的物质会领先于星系棒，而接近边缘的物质则会落后。正是通过这样的方式，才产生了那些令人艳羡的迷人对称螺旋。

不过，咱们还是说回更重要的事吧：也就是我。有时，旋臂会让我银盘上的恒星出现运转失常。它们偶尔会以刚才所说的“交通堵塞”作为借口，在我毫不知情的情况下，移动到不同的半径位置上。这也就意味着我与它们失去了联系。可我还是忍了，因为在邻近空间里，我的旋臂是最出色的，我愿意不惜一切代价来保持这样的优势地位。何况，它们需要的关注也远远不像我核球上的恒星那么多。

位于中心位置的是我凸出的核球——不，不是你想的那样，你这道德败坏的家伙，总是从地球人的视角出发来理解宇宙万物。我的核球位于一切的中央，密度很大，混乱无序，这里大部分是球形的恒星。好吧，不是宇宙中一切的中央，即便是我，也还不至于自恋到把自己当全宇宙的中心。宇宙并没有中心。但是，核球是我的星系棒所在之处；这里集中了我15%的质量：包括恒星、气体、尘埃以及暗物质；我的超大质量黑洞“萨吉”就住在这个地方。尽管核球上的那些恒星让我的“屁股”无比难受（我就是打个比方），但对我而言，核球仍是至关重要的。

与我身体的其余部分相比，核球并不大。还记得吗？银盘从一边到另一边有30kpc宽。而核球无论从哪个方向上看，直径也仅有2kpc。然而，因为它接近于正球形，引力作用于三维空间，而非一维空间，所以轨道要复杂得多。有些恒星的轨道是椭圆形，但至少是个拉长的圆形，追踪起来并不算太难。但另外有些恒星的轨道呈现出了野玫瑰形什么的，其中还有某些恒星的移动轨迹有点像个“8”字，导致我需要对它们予以相当的关注才行！

饶是如此，核球仍是我体内一个有趣的部分，因为我有些最古老的恒星就在这里。那些恒星来自最初小小的原星系，它们结合到一起，才形成了我。某些最激动人心的事也正是在这里发生。我觉得你也会对同意我的说法，因为这一切都与你们对地外生命持续不断的探索有关。

大多数的生物功能都会受到大量高能辐射的影响，比如你看不见的X射线，还有伽马射线。在这类辐射中，最危险的来源于超新星爆发。没错，人类，正是你们的天文学家用作标准烛光、拿来计算距离的那种爆发。学到了吧！只不过会发出这种辐射的并非仅有Ⅰa型超新星这一种，而是所有类型的超新星：大质量恒星燃尽了核心所有的氢以后产生的超新星，还有白矮星与较大的恒星毛手毛脚干活的时候产生的超新星。你们这颗星球脆弱得不堪一击，假设在距离你们15秒差距的范围内有一颗超新星发生了爆炸，地球就会变得不再适宜人类居住。那种能量会把保护地球的臭氧层撕成碎片。它还会导致你们的大气层发生电离，大体上就是将电子剥离。也就是说，在你们与太空的寒冷真空之间，原本阻隔着一层稀薄的气体，结果突然间，这一气体层的成分变成了奇怪的带电粒子，这会对妨碍支撑你们星球上整个食物链上光合作用的构成。好在你们很幸运，附近并没有哪一颗恒星面临着即将变成超新星的危险。然而核球上的恒星就不一样了，因为那里的天体间隔的距离要近得多。

正是由于它们的距离如此接近，所以位于核球上的恒星之间产生近距离引力作用的可能性也更大。实际上，每过10亿年，我核球上的大部分恒星——大约80%——与另一颗恒星的距离就会缩短到1000个天文单位（简称AU）以内[②]。我刚刚介绍的是你们天文学家使用的一个新单位，1AU即为你们和太阳之间的距离。这个数字小得不值一提……要是用你们人类的距离，大概也就9300万英里左右吧？总之，假如某颗恒星与太阳之间的距离小于1000AU，就会直接穿过你们的太阳系。

这样近距离的星体相遇足以引发众多的戏剧性事件！有时，恒星会把其他恒星的行星夺走。有时它们做出很卑鄙的举动，会以恰到好处的力度偷偷拖拽另一颗恒星的行星，使其再过几百万年才会飞离它所在的系统。到那时，这颗闯入的恒星早已溜之大吉，不会面临任何后果。恒星甚至可以利用某一次引力碰撞，从一开始便阻止另一颗恒星形成属于它自己的行星。

对于你们这样软心肠的生物而言，这实在残酷无情，绝对算不上最适合生存的环境。

少数的人类天文学家感兴趣的问题是我体内各个不同部位的宜居性（是的，这确实是个很小的研究领域，真叫人失望）。到目前为止，他们得出的结论就是，核球并非人类集中精力寻找生命的理想所在，而最适宜生命存在的位置便是你们如今那个地方。你们甚至与我的中心保持着恰到好处的距离，围绕着我旋转的速度正巧与我的旋臂相同，如此一来，你们便不必担心会被哪一条旋臂追赶上，致使你们不堪一击的星球暴露在那样高密度的环境中。

在我气势恢宏的身体之中，最大却最暗淡的部分是银晕，包括3个相互重叠的部分：恒星、环星系物质和暗物质。恒星部分是由恒星和球状星团组成的一片凌乱的球形区域，这是之前我与其他星系发生相互作用后残留下来的，向外延伸到大约100kpc处。环星系晕是一团温暖的气体云，我可以用它来为造星提供燃料。你可以说，暗物质晕是我全身分布最广、质量最大的“器官”。之所以称其为“暗物质”，并不是因为它本性邪恶，或有什么凶险的预兆。其实，在最初之时，暗物质对我们大家都有帮助。在早期炽热的宇宙中，如果没有成团的“冷暗物质”，像我这样的星系就不可能保持质量，并形成恒星。不，它之所以被称为暗物质，仅仅是因为它不与光发生相互作用，且为它命名的天文学家又缺乏创意。暗物质不会发出、吸收或反射任何电磁辐射——比如光。因此，构成它的物质必定与你看得见的东西有所不同。你们的天文学家还不知道那是什么物质——我是不会放过这种小小的趣闻的——虽然他们知道它有何作用。

我在前文中已经提示过，引力是星系最宝贵的工具。嗯，既然暗物质是由通过引力相互作用的物质组成的，而非通过电磁相互作用的物质，那它就像个秘密武器！是一种摸得着却看不见的工具。而且我“手边”的这种工具可多着呢。倘若你以为银盘就已经很大了的话……哈！那我告诉你，我的暗物质晕一直向外延伸到600kpc之遥。为了让你对它的质量有点概念，不妨这么说吧，我的质量相当于太阳的1.5万亿倍，也就是3×10^{42}公斤。假设某种方式可以让我把整个身体全部塞到你们星球上的话——我一直想体验一下你们本地的重力加速度——那么，我的体重大概有6.5×10^{42}磅*，其中有84%都是暗物质。

顺便说一句，这就是你们天文学家使用的$\Omega_{m,\ rel,\ \Lambda}$那些符号所代表的含义，如果你曾经读过关于宇宙起源的书，你也许也见过这些符号。这些是与“临界密度”进行比较时的宇宙相对密度。根据他们的预测模型，宇宙密度不超过临界密度意味着宇宙会永远不停地膨胀下去。到目前为止，他们已经发现，宇宙中有大约68%的物质或能量都是暗能量（当你提升到星系大脑态时，这物质和能量是可以互换的）。暗能量是个相当含混的统称，指代的是人类目前暂且无从辨别的力量，推动着宇宙膨胀。宇宙的另外27%则是由暗物质构成的，仅有5%左右才是像你这样的常规重子物质。还有极小一部分是由相对论性粒子组成的，它们的运动速度达到或接近了光速，而且携带着电磁能量。把所有这一切加到一起，得到的数值与临界密度都

* 1磅约合0.45公斤。——译注

逼近了危险的地步，不过我还没讲到那一部分呢，我不会告诉你，假如宇宙就这么永远不停地膨胀下去，又会发生什么。

幸运的是，暗物质占据了宇宙的绝大部分，而我拥有着这么多暗物质（咱们都赞美一下那些暗物质匮乏的可悲小星系吧[③]），因为银晕正是我能发展壮大到如今这一步的原因。回顾当初，大爆炸过去几亿年后，在第一批原星系诞生之时，宇宙的温度过高，所有的非暗物质（也就是你们科学家所谓的重子物质）都无法通过引力结合在一起。气体粒子到处移动，速度极快，足以摆脱其他重子的引力。但是，假设当时已经存在着某种温度较低的物质，更容易凝聚成团，而且仍然可以吸引温度较高的粒子呢？暗物质就像一个支架，你可以搭个这样的支架来支撑植物生长。所以，我们大家的存在都要归功于暗物质。

然而，暗物质并非没有缺点。

我们知道，由于角动量守恒，位于星系盘上较远处的恒星应该比接近中心的恒星移动得更慢。不过，这种简单的关系仅仅适用于大部分质量都集中在中央的情况。由于我的暗物质晕庞大无比，将我的大部分质量囊括在其中，所以，它对我外侧恒星的速度产生了影响。假设那些恒星仅对发光物质——就是那些亮闪闪的东西——的质量做出反应，它们移动得就会慢一些。可是实际上，它们却移动得比那更快。它们的速度太快了，假如我没有那么多暗物质将其固定在原地的话，其中一些恒星甚至有逃逸的可能。这个半径–速度关系的斜率即自转曲线，它取决于星系中暗物质的数量。起初，天文学家就是这样了解到暗物质的。

早在1933年，你们的物理学家便已首次假设了暗物质的存在，但直至1968年他们才找到证据。当时，维拉·鲁宾（Vera Rubin）发觉，恒星的移动速度比她预料中的要快。鲁宾之所以会研究恒星的旋转速度，仅仅是因为她想研究一点不会引起争议的内容，因为此前她针对更有争议的问题的研究只遭到了同时代人的嘲笑或无视[④]。在哪种人才配得上世人的关注这个问题上，你们这个物种倔驴子似的，顽固得很，人类有多少发展知识的机会都被这种蠢念头耽误了啊！这几乎与一开始就认为人类要分三六九等的想法一样荒唐。尽管一路上遭遇了许多障碍，但鲁宾最终还是有了里程碑式的重大突破，发现了足够的天文学证据来证实她的研究内容。她在其他星系中也发现了同样的趋势，证明了这并非偶然现象。这位坚毅的先驱是你们人类中第一位克服了视觉带来的偏见的人，她最先最终认识了我，也认识了我的全部。即便如此，直到2020年你们才以她的名字命名了一架望远镜。下次遇到这样的先驱，多少表现得再尊重一点吧。

星系里的暗物质越多，外围的恒星旋转的速度就越快，自转曲线也就越“平坦”。但是，如果某个星系里没有多少暗物质，就没有那么多的质量来促使恒星加快速度，于是它们的自转曲线便会呈现出下斜。小三说，我的自转曲线看起来是平的，那简直是对我体重的侮辱，仿佛我对自己多增加的暗物质并不感到自豪似的。可我能说什么呢？小三就是个小心眼儿的贱人。

在人类对我身体的认识上，维拉·鲁宾所作的研究并非第一次意义深远的转变。在你们那位基督诞生之前的300年，亚里士多德看到了银盘的闪光划过你们的夜空，他管我叫“加拉西亚”，这个词来源于古希腊语，意思是“牛奶”。这便是现代“星系”一词的由来。亚里士多德望着目力所及的那一小部分的我，他相信，地球与天球便是在那里相接，点燃了永恒不灭的火焰。又过了1000年出头的时间，有个被某些人称作伊本·巴哲（Avenpace）的人提出了一种假说，他认为，横贯天空的那条光带其实是紧紧挤在一起的遥远恒星的集群。这一假说于1610年获得了证实。当时，有个叫伽利略的人通过望远镜观察天空，在横亘于夜空中的光带中分辨出了一颗颗星体。那是我银盘上的群星。

一旦人类接受了我是由群星聚集而成的观点，他们便开始琢磨我是何形状。1750年，有个名叫托马斯·赖特（Thomas Wright）的人提出，我是排列在一个平面上的。不久之后，在1785年，卡罗琳·赫歇尔（Caroline Herschel）与她的哥哥一起，以我的身体作为描绘的对象，出版了人类有史以来第一份系统绘制的天体图。他们采用的做法是画出在地球上能看到的所有恒星，然而，他们用来查找恒星位置的方法却是错的。这种方法基于的假设很荒谬，即恒星均匀分布在我的全身，而他们使用的设备可以观测到我创造出的每一颗恒星。真是太狂妄了！我敢打赌，在她哥哥“埋头苦干”的时候，假如卡罗琳没有浪费宝贵的时间，一勺一勺地给生活完全可以自理的哥哥喂汤喝[⑤]，这张地图必定会更完善的。依我看，这就像拉里和萨米的实际情况，一方明显比另一方作出的贡献更多。真是遗憾，你们人类一般没办法挑选自己的兄弟姐妹。不过话又说回来了，拉里可是萨米自己选的，所以我觉得，对我们大家而言，爱都是一个谜。

到了20世纪，人类天文学家一致公认，我的身体是个扁平的圆盘，直径大约为两万光年［直到1913年，“秒差距”这个词才会被一位名叫弗兰克·戴森（Frank Dyson）的天文学家发明出来］[⑥]，而你们太阳位于靠近正中的某个位置上。你们人类是不是绝不会放过哪怕一个设法把自己当成万物中心的机会？

有一位年纪轻轻的叛逆者，名叫哈罗·沙普利（Harlow Shapley），一直在借助造父变星［感谢亨丽爱塔·勒维特（Henrietta Leavitt）］来绘制银晕中的球状星团。球状星团就是天文学家所谓的气体、尘埃和成千上万颗恒星的集合体，它们在星系中凭借引力汇聚在一起。沙普利的研究得出了两个结论。首先，我的身体远比他同事设想的要庞大得多，更接近于30万光年，也就是90kpc。当然，他这个结论也是错的，不过他的第二个结论弥补了自己的错误：太阳更接近于银盘的边缘，而非中心。这一天总算到来了！

沙普利曾经注意到，多数遥远的“星云”都朝着一个方向聚集，即人马座星座所在的方向，而并不像天文学上的守旧派所认为的那样呈现均匀分布的状态。可惜，他只是通过错误的推理得出了正确的结论。他认为，那些星云必定是我的一部分，因为在他脑子里，我实在是太大了，绝不会有任何东西超出我的界限之外。另一位天文学家希伯·柯蒂斯（Heber Curtis）的知名度更高，对于沙普利的多数观点，他都表示反对，尤其是认为我的体积庞大到足以囊括那些星云的那部分。他认为，这是属于它们自身的“岛宇宙”（我也持这个观点）。

1920年，沙普利与柯蒂斯受美国国家科学院邀请，公开捍卫各自对宇宙结构的看法。整整一屋子的人聚在一起，只为讨论我的位置！你们的天文学家称之为“大辩论”，我深感荣幸。

几乎就在这场世纪大辩论发生之时，埃德温·哈勃（Edwin Hubble）刚刚获得天文学博士学位，他正在利用造父变星来确定地球与暗淡星云之间的距离。1924年，他发现在他所知的仙女座星云中，那些变星实在过于遥远，不可能存在于我体内，由此证实了其他星系的存在，从而一劳永逸地结束了这场论战。

几年后，哈勃依据对其他星系的观测，发表了星系的哈勃序列，又称哈勃音叉。真是胆大包天！在那之前，我一直认为，哈勃是个出乎意料地合我心意的人类，因为他扩展了你们关于我的集体知识。但他发现了我并非宇宙中唯一的星系，随后就开始肆意妄为，立刻根据形状对我们进行了分类，并借此来预测我们的表现。因为他做得没错，所以我想继续生他的气并不公平。对于星系而言，形状是个重要的特征，包含了关于我们的过去与未来的信息。

但我仍会对他心怀怨恨。因为在这件事上，他竟然如此急于作出评判！一个人仅仅因为我的长相，就说我必定会表现出某种行为，我真的无法对这种行为表示欣赏。把灵长类那些约定俗成的废话留给你们自己的星球吧。我在这具身体里生活和工作了几十亿年，所以知道自己长什么样。我甚至耗费了成千上万年的时间，将自己的身体与周围的星系进行过比较，一般都会自己如此合乎标准的“体型”而深感欣慰。可是，他居然就这么把我们归为某一类了？我听到过你们当中的某些人把人类的体型形容成“梨形”或是“沙漏形”，我敢打赌，假设我开始根据身材来预测你的行为，你肯定也不会乐意。

这个什么音叉把我们星系划分成像我一样的旋涡星系，位于图上的右侧，以及位于左侧的椭圆星系，居中的则是演化的中间形态。椭圆星系呈椭球形，很像一个放大版的核球，所以不具备任何鲜明的特征，比如旋臂之类。

哈勃将椭圆星系称为“早期类型星系”，将旋涡星系称为“晚期类型星系”，而事实恰恰与此相反。椭圆星系往往是由较小的旋涡星系组成的，它们以并不合适的角度发生过碰撞，从而形成了椭圆星系。

与旋涡星系相比，椭圆星系的古老恒星数量更多，形成恒星的数量更少，所以温度更低，也更暗淡。它们在室女座超星系团中并不常见（我们都是这个庞大的超星系团的一部分），不过，它们出现在高密度星系团中心的频率相比出现在边缘附近的要高。这些可怜的星系没有星系盘（保佑它们吧），所以，它们所有的恒星都像我核球上的恒星那样运行。我可不羡慕它们那种乱糟糟的日子。

不过，我应该记住一点：总有一天，我们都会变成那副模样。呃，至少我会，因为到那个时候，你们早就不在了。

哈勃望远镜还根据旋涡星系缠绕的紧密程度对其进行了分类。在旋涡星系和椭圆星系之间，则是透镜星系：这些星系有一个巨大的中心核球，以及不带旋臂的延伸星系盘。

如今，除了按照形状分组以外，你们的天文学家还根据星系的尺寸、光度、恒星形成速率以及中心黑洞的强度来给星系分类。假如你们的科学家发现，某个星系确实无法妥帖地塞进他们小小的分类体系，就干脆称其为“不规则星系”。

尽管自从哈勃的音叉图以来，你们的星系分类学已经取得了长足的发展，但你们还是以他的名字命名了一架望远镜！哈勃望远镜于1990年发射升空，镜如其人，也是一样地喜欢吹毛求疵。不过我承认，它确实表现得不错。由于有了这架望远镜，你们的天文学家才得以发现，仅仅是在相距不远、我们足以观测到的这部分宇宙中，就有数千亿星系存在。借助这架望远镜，他们可以更精确地测量宇宙膨胀的速度，甚至去观测或许人类有史以来在太阳系外发现的第一颗卫星[7]。

哈勃望远镜取得的成功为建造更庞大、更先进的天文台铺好了路——无论是在地面上，还是在你们所谓的“外太空”，也就是离地球表面区区几百英里的地方。

2009年，你们发射了开普勒望远镜，借此放眼看到了太阳系外的数十亿颗行星。在30年的时间里，你们已经发现了将近5000颗这样的系外行星。你们的天文学家声称，之所以没有发现更多的系外行星，是因为它们实在难得一见。你们懂不懂什么才算是真正的难事？创造、追踪和盘点我体内的每一颗行星，包括你们从未见过的千百亿颗行星，这才叫真正困难的工作。不过呢——算了，只要能让你们更真切地了解我，无论你们做什么，我都支持。

2013年，你们又发射了一架望远镜。它是以一位古代女神命名的，这位女神是地球的化身。你们盖亚女神最新的化身已经为我绘出了人类迄今为止最精确的星体图，涵盖了超过10亿个观测目标，其中有许多都是核球上的恒星，人类的肉眼很难看得见，因为它们和你们中间有太多的尘埃，阻挡了你们的视线。盖亚甚至对它们的运动进行了追踪，所以现在，你们的天文学家可以推算出一颗恒星的整条轨道，哪怕要像你们太阳那样运转一周就需要2.5亿年。假如我有呼吸的话，看到自己被如此完整地呈现在你们的屏幕上时，我一定会激动得喘不过气来的。

我太激动了，甚至可以承认，你们看不清我的全貌是因为你们居住的地方离我的银道面实在太近，所以这并不是你们的错。但这也不是我的错啊！又不是我故意把你们放在那里的。相信我吧，比起在哪些行星上能将我的面貌一览无遗，我还有更重要的事要操心。你们这颗星球只是运气不好而已，所以，你们的天文学家就只好再多努努力了。不过经过孜孜不倦的工作，这些人又开发出了猫鼬望远镜（MeerKAT）。

若说哈勃望远镜给我了这样的感觉：自己正被某个手持宝丽来相机的讨厌鬼盯着看，那么你们设在南非的这架猫鼬望远镜仿佛让我摇身一变，成了一个专业模特，在大受青睐的摄影师面前摆出各种姿势。猫鼬望远镜拍下了无数令人叹为观止的照片，尤其是我核球内离位于中心的萨吉不远的绚丽气体。

猫鼬望远镜之所以能将我看得这般清晰，是因为它采用了合适的波长，能穿透阻隔在核球与你们之间的尘埃。无线电波直接穿透了那些讨人嫌的玩意儿。猫鼬并非仅有一架望远镜；而是64架望远镜在协同工作。在你们星球上，这种方法被称为干涉量度分析法，因为它依靠的是对来自不同源头的光波的干涉模式加以研究。有了它，你们的天文学家已经建起了与地球本身大小相同的望远镜网，借以拍摄另一个星系的超大质量黑洞。但你们并没有拍到我的黑洞*。不过嘛……

猫鼬望远镜提醒了我一件事，这件事我们大家都应该承认：我可真是太帅了！我既俊美，又强大，工作表现也很不错。并不是说我之前对此并不知情，不过，在遭受了几次打击之后，这些照片正是我需要的献礼。我所说的打击，不仅是指在过去的300年间，你们整个物种都把我忘到了九霄云外。

---

* 至本书出版时，银心黑洞已经被拍到。——译注

第七章　现代神话

好吧，好吧，过去这三个世纪以来，并不是你们每一个人都把我忘了个干净。那些仍然认可我价值的人里，有你们的天文学家（我所说的天文学家，既包括那些为了赚钱，不得不在办公室里研究我同类的人，也包括那些出于兴趣爱好，在自家院子里研究这个的人）、占星家（你或许以为他们会惹恼我，但实际上我很喜欢他们；他们让我想起了你们对我深表敬畏的祖先[①]），当然了，还有那些沉迷科幻的“书呆子”。

在我看来，“书呆子”这个词既可以是赞美，也可以是侮辱。我主要是想表示赞美的，因为不管你信不信，正是这些书呆子保存了用神话演绎太空的传统。

你是不是以为神话里讲的只是过去的事？绝对不是。围绕着你们希望相信的事，人类每天都在制造新的神话——比如信守承诺的政治家，或者无私奉献的亿万富翁。神话的核心乃是你们深信不疑的故事——即使你清楚知道其中某些内容是杜撰出来的（或者所有内容都纯属虚构）。总之，如果某种叙述已经被你融入了自己的身份认知，那么当真相与这样的叙述相互矛盾时，真相又意味着什么呢？在见证过举办了80多年的科幻大会之后，我确信，你们钟爱的科幻故事无疑也应当被视为神话。

就以星际政治联盟的神话为例，它认为宇宙中存在着一个庞大的行星网络，这些行星都按照标准化的规则运行。这一神话有多种不同的版本，其中多数版本认为，外星人的网络早已存在，一旦你们在技术上发展到了足够先进的水平，他们就会与人类接触，一般是在你们开发出了超光速旅行技术之后。作为一个物种，你们甚至没有半点证据能证明这一切都存有着可能性，然而你们对这故事深信不疑。你们把这个故事讲了又讲，次数多得一个人都数不清。你们无比盼望这是真的，所以才会急着要把人送到你们那颗小石头以外的地方。假如我一辈子都被困在同一个星球上，那我应该也会这么做，但是为了你们自己好，我希望这样匆忙上路不会造成太多有害的错误。

也不要忘记人类团结的神话。你们有许多太空科幻小说都发生在未来，到了那个时候，你们人类的烦心小事都被纠正了，严重的社会不公也不复存在。即便是在20世纪60年代，那个大多数拥有实权的职位都禁止有色人种担任的时候，《星际迷航》

也敢于设想一位在联盟飞船上担任军官的黑人女性。

在你们神话里的科幻宇宙中，地球是银河联盟的一员，在这样的地球上，一个人的身份中无法消除的部分对其生活并没有影响。毕竟，倘若你遇到了一个外星人，这家伙肯定连在盖亚望远镜绘制出的某一张天体图上指出地球都做不到。当你与这样的外星人面对面时（天知道你面对的是脸，还是别的什么玩意儿），像黑色素或雌激素这样微不足道的化学物质又能给你们的交流造成什么区别呢？（说实话，我也不清楚有多少地球人能在针对我的身体描绘出的天体图上指出地球所在的位置，但我的意思你应该明白吧。）

不同于昔日的多数太空神话，如今你们讲述的这些太空神话其意图并不在于解释情况是什么样，而在于展现出你们希望情况能演变成什么样。科幻小说就是人们梦寐以求的神话，是人类对未来的梦想。当然了，这些梦想都是受我的启发，我就是守护着你们所有人的那片天。

虽然我乐于成为你们新神话里的一部分，对这些神话也饶有兴趣——如今，你们改成了在屏幕上播放神话故事，而不是围坐在火堆旁分享，这样的方式要有趣得多——但是，对于神话里对我的刻画，我却要抱怨一番。

首先，你们把我从神话角色变成了背景。我不再是一个强大的神灵，在夜晚守护着你们，而只是你们乘坐花哨的飞船从中穿过的物质。我可以为你们发明出来的新体裁什么的而欢呼，但是你们竟然把我最令人钦佩的部分给漏掉了，真是无耻！

还有，你们神话里的那些联盟用了各种系统来描述我体内的各个位置，其中大部分都是胡说八道。诚然，人类科幻小说的黄金时代出现后又过了几十年，你们的天文学家才绘制出如今精确度惊人的天体图，可这还是……有点没道理了。

我在这里选择《星际迷航》为例，不是因为它最令我不悦，而是因为多数地球人对这部系列电影都耳熟能详。数以百万计的人共计为它花费了数十亿美元，足以证明你们对这个系列的热情。另外还有些人熟悉的是其他幻想宇宙，也没听说过腌黄瓜瑞克里的皮卡德（谁都喜欢动画片，甚至就连近乎永存和全知的星系亦然），我得跟这些人说明一下，《星际迷航》用了几十年的时间，探索星际物种联盟的成员之间每一种存在可能性的互动，这些成员散居在我体内各处，他们把我的身体划分成了若干象限。

象限！这得多不切实际啊？我的直径达到了30kpc，厚度为1kpc，在邻近空间里，我是最大的星系之一，我为此感到自豪。也就是说，我一个“象限”的大小接近于200立方千秒差距！我可以保证，身为人类，你小小的脑子连那有多大都无法理解，而《星际迷航》的作者竟然指望训练有素的太空探险家把它当作有用的定位符号？说某个物体位于“德尔塔象限”，这简直相当于什么也没说！

好了，我并不是说你们天文学家的银道坐标系就比这好得多，可是在处理像我这么浩瀚的空间时，明确性有多么重要，至少他们还是清楚的。

有些人类天文学家使用的是银经和银纬（分别以b和l表示）系统。你们星球旋转得太厉害了，无法将你们的局部坐标网格直接投射到我近似于球状的身体上，所以银经的零度经线——也可以说是银河系的本初子午线——越过了从你们太阳指向银河中心的那条线，而银纬则是以我的银道面为基准测出的角度，正如地球纬度是以你们的赤道为基准测出的角度那样。因为太空有3个空间维度（加上你们许多人都难以领悟的第四维，即时间维度），所以还有第三个坐标来确定物体的距离。那个距离一般是以我的中心为起点来测量的，不过有时候你们的天文学家也会以太阳为起点来测量。他们并不是每次都会说明用的是哪个参考点，这让我懊恼不已。我想在研究工作中使用这些测量数据而搞不清用了哪个参考点的其他天文学家应该也会倍感愤怒吧。

还有一种坐标系，使用的是赤经和赤纬，它把你们太阳系比作了一个球形的钟面。赤经（简称RA）类似于银经，不过是以小时作为测量单位，而非度数。赤纬在本质上只是你们纬度的投影，因为它是以你们的赤道为基准来测量的[②]。你们采用这个坐标系真是把以自我为中心体现得淋漓尽致。在这个坐标系里，你们太阳的位置会有所变化，因为它所基于的视角是太阳在围绕地球旋转，而非地球绕太阳旋转。根据你们祖先所掌握的局限信息，形成这种宇宙观是有道理的，不过，如今你的见识就不止于此了。

我相信，对于你们的天文学家以及其他人而言，既然尚未冲出过太阳系，这些方法还算有用，但要是进行整个星系范围内的交流，这些方法就没用了。这些方法过分依赖你们所处的位置。假设你们这个物种还能再存活一亿年且还没有葬送掉自己创造的一切，那么你们太阳系运行的轨道离现在的位置就挺远的了——差不多就在我银盘的对侧——到时候，你们就只能去构想一个更合理的坐标了。

但是，不管《星际迷航》弄出的象限有多傻，至少他们还知道秒差距是距离单位，而非时间。是啊，没错，就算《星球大战》企图纠正这个错误，我还是不满意。

我对人类科幻小说还有一个最大的不满，那就是你们偏好把大部分外星人都写得跟人类差不多。《星际之门》就是这么干的，还有《遥远星际》《黑衣人》《银河系漫游指南》，甚至就连《异形》也是如此！这些外星人的创造者可能会把脑袋的形状稍加改变，不过，凡是看过这些电影的人都会以为，宇宙中所有的生命形式必定都有脑袋、四肢和躯干，跟你们一模一样。仿佛进化的终点只有一种，那就是你们跌跌撞撞的两足行走方式，以及不透明的皮肤。你们甚至连自己的内脏都看不见！你们必须坐在特殊的机器里，目的只是要确保体内的一切都正常运作。我不会告诉你宇宙中是否还有其他生命存在，不过，只要它们确实存在的话，就绝不可能多数都长得跟你们一个样。

当然了，大部分时候，你们屏幕上的外星人之所以看着跟人差不多，只是因为预算有限，或者对无疑是人类的观众而言，非人形角色没那么引人入胜。有些科幻迷喜欢为此辩解，他们甚至声称，有个古老的类人物种早就把自己的DNA在宇宙中传播开了，企图以此来解释人类特征为何会泛滥于各种虚构作品。这么说固然巧妙，但是，试想一下，如果外星物种在进化过程中适应了所在星球的特点，又会长成什么模样，那最终会不会更有趣呢？什么？可是我对外星生物又了解多少？大概也不多吧，毕竟我只是包罗了你们这个物种有望接触到的所有外星，仅此而已。

我担心的是，看到那些长相熟悉的外星人生活在岩态行星上，那里的大气层可供呼吸，你们就会对太阳系外的状况产生错误的想法。我有上千亿颗行星，其中每一颗都有着独一无二的特征组合，发生过各种随机事件，可以影响到任何一种生物进化路径。我这里有气态行星，也有水世界、熔岩世界，有围绕多颗恒星运行的行星，甚至还有不绕任何恒星运行的行星。想想看吧，这些星球和你们的星球会有多大的差异。这么想或许有助于你们意识到，对自己的想象力加以限制是错误的。

说到错误，人类科幻作家显然不明白星云是什么。平心而论，直到一百年前左右，人类天文学家还在用“星云”这个词来指代夜空中任意一个模糊的光团。后来，天文学家得知，星云是由气体和尘埃组成的云团，密度大于周围的空间。形成星云的方式有许多种。有些星云形成时，是分散度更高的气体云冷却下来并开始凝结。有些是形成恒星的活跃区域，比如我自己的造星实验室（你也许听说过猎户座星云？在这些恒星托儿所中，它离太阳最近，仅仅相隔几百秒差距）。还有一些星云是超新星爆发的地方，那是大质量恒星死亡时的阵痛。

流行的科幻电影和电视节目并未真正关注过星云之间的细微差别。出于某种我完美无瑕、强大无比的理解力都无法理解原因，大多数人并不觉得对星系流体动力学的深入阐释有什么乐趣。不同飞船上的船员遇到的所有星云看起来没什么两样，都像是一大团五颜六色的可见气体云，然而，假如你果真不偏不倚地漂浮在一团星云的中心，那么你弱小的人眼根本看不见真正的星云。

星云的密度大于周围的空间，但是它周围的空间是极度稀薄的。我可以给你个参考点：在深空中，每立方厘米的空间内大约有5个粒子。就一般的星云而言，每立方厘米的空间内有几千个粒子。看起来似乎很多，但你只要与地球上的大气层一比就明白了，后者每立方厘米的空间内大约有10^{19}个粒子。足足1千京粒子，全都挤在你指尖大小的空间里。那尚且还只是空气！

《星际迷航》在这一点上也出了错。不过，60年来，这个系列囊括了十几部电视剧、十几部电影、无数游戏和漫画，免不了会犯几个错误。作为人类读者，只要你不把这些错误理解为真实情况，而是承认它们只是神话，那我跟你就没什么可争执的。

即便对某些人来说，自然科学有点难以理解，但人类继续编织神话的举动仍是必不可少的。神话会激励你们去实现目前看来还遥不可及的壮举，比如，早在人造卫星发射到地球轨道之前十几年，阿瑟·C. 克拉克（Arthur C. Clarke）就想象出了卫星通信。以科幻小说的形式出现的神话启迪了你们，并使得你们最终将信用卡、互联网和国际“空间”站变成了现实。倘若你们希望作为一个物种延续下去的话，就需要继续讲故事，因为你们的星球时日无多了。

第八章　成长的烦恼

既然你已经把我的故事读到了这里，那么我想我们彼此已经很熟悉了。所以，我可以十分诚实地告诉你，在过去的130亿年里，身为你的星系是种什么感受。但是你不要因为已经读完了一半这本书沾沾自喜。我这是在辛辛苦苦地向一个无可救药的肉身生灵说明自己的情况，坦诚地说，这很丢脸。

假如非得猜一猜不可的话，我会说，身为人类，最大的难题在于你的寿命很短。不是难在最终会来临的死亡——不，知道自己终有一死才为你短暂的生命赋予了意义——而是你眼中的一切都不过惊鸿一瞥。

昔日，你们的祖先还没有望远镜，无法用它去观察事物的真相。那时他们还在向我寻求指引，其中有些人注意到了有两种恒星：一种四处流浪，一种固定不动。就像“星云”和“宇宙”那样，“恒星”这个概念随着时间的推移也发生了变化。

在这样的语境下，恒星的含义跟“星星”差不多，指的就是夜空中某一个明亮的光点。流浪恒星似乎遵循着自身的模式，沿着自己的路径在天空中穿行，固定恒星则保持着相对静止，然而因为它们都围绕着你们的星球旋转，你们祖先有不少人都以为地球才是万物的中心。

但实际上，在这些所谓的流浪恒星中，只有一颗才是真正的恒星，那就是你们的太阳，其余那些则是月亮和各大行星，你们弱小的人眼无需借助外力就能看见它们。你们的“行星”一词甚至就是来自希腊语中的“流浪者”。在大多数记载中，流浪恒星共有七颗：即太阳、月亮、水星、金星、火星、木星和土星（在人类当中有少数幸运儿，不用望远镜，就能看到你们称为天王星的那颗行星，但这样的人为数甚少，他们的视角在这里无关紧要）。古代巴比伦人基于这七个天体，创立了你们现今采用的一周七天制①。

我有些离题了。我想在此说明的是，许多人之所以会认为遥远的恒星是固定不动的，而且亘古不变，那是因为你们的生命太短暂了，来不及看见它们移动。你们的生命太短暂了，来不及目睹我的演变。说实话，你们会觉得这一点骇人听闻，因为这表示你们缺乏必要的视角来真正思考超越自身和周围环境的事，但对我而言这一点却遗憾极了，因为我无法感觉到自己被人注目或被聆听，或因为自己的工作而受人感激的那种心情。

萨米和拉里正全心关注着彼此，以及它们共同造就的恒星，不再真正关心我的所作所为。小三只会让情况恶化。而仙女座嘛……呃，我们很快就会讲到它了。

大家都不见了，被神秘的力量带走了，也就是你们所谓的这个什么暗能量，它正推动着宇宙的膨胀。

只剩下我和你了，所以你最好给我好好听着。

作为一个星系，为了生存，为了成长，有几件事是我非做不可的。你根本没法想象我撕裂过多少星系。我这么做既是为了积聚气体，也是要防止自己被对方撕裂。如我所言，我非这么做不可，但我内心也有点喜欢上了这种事，享受搞破坏的感觉。总算有点事情能打破千万年的单调了，对吧？

造星也是我非做不可的事。想想看吧。没有暗物质或仅有少量暗物质的星系十分罕见，值得注意。一旦发现某个星系的暗物质数量少于预期值时，人类天文学家甚至会发表科学论文，只是为了奔走相告这一发现。但是，没有恒星的星系则是不可想象的。

我创造的恒星浩如烟海，你连数都别想数得过来。在造星的过程中，我耗尽了最初形成时拥有的大部分气体，也就是说，在种类上，我如今创造的恒星与从前的并不相同。过去这130亿年里，我感觉到了——而不仅是目睹了——我无数恒星的死亡。我亲“手”创造的恒星。我深感受伤，却不得不继续造星。非如此不可，因为这就是我的工作。

明知道造出来的东西必定会先于你而死，却依然这么造下去，你明白这是种怎样的感觉吗？在它死亡时，你还会感同身受，因为你造就的那个东西其实就是你的一部分，这是种怎样的感觉，你明白吗？不，我无法想象你能明白，只好详细地说明一下。

首先，我想说的是，对星系与人类而言，死亡的含义并不相同。若非你们的天文学家已经开始在这种语境下使用这个词，那我根本就不会用“死亡”这两个字。

我的寿命近乎无限，这一点带来的好处就是，我可以看到万物是如何循环的。死亡的恒星会在其核心产生重元素，从而播撒出下一代恒星的种子。被撕裂的星系在生存之战中激烈挣扎时，会使得更多恒星得以形成。只要粒子还能移动、还能发生相互作用，太空中就没有什么会真正死亡。所以，我说感觉到我的恒星死去时的痛苦时，意思其实能感受到内疚和失败的痛苦。我毫不怀疑你以前感受过这种痛苦，以后很可能还会再次经历，然而，你的失败永远无法与我的相提并论，我的失败酝酿了数十亿年，还在一次次地反复出现。

宇宙中最早出现的恒星是由氢和氦组成的，这是大爆炸以后产生的第一批元素，远远早于我诞生的时间。尽管它们并非由我创造，但我看到了它们，体内也拥有它们。或者就算我曾经创造过，也不记得了。对我来说，这些恒星完美无瑕。它们是炽热黑暗中的亮点，我希望自己也能创造一些。但当时我还不知道恒星也会死亡。

对我来说，如何创造恒星并不是件一目了然的事，宇宙也没有为我提供过任何指导教程，所以我就只好临时自由发挥了。我盘点了一下自己拥有的东西，最初并没有多少——主要也就是气体，有点尘埃，“谢天谢地”，还有足以让我自身聚拢在一起的暗物质——然后我就开始做起了实验。

通过反复试验，摸索总结，从教训中积累经验，我发现只要把充足的气体压缩进一个够小的空间，它就会开始发光。如果我用的气体太少，温度和压力就达不到必要的水平，不足以触发核心的聚变反应，而让它发光的正是聚变反应带来的能量。既然你其实从来没有亲眼看见过核聚变，更不用说触发它，那我估计我应该给你讲讲聚变反应是怎么回事。一般来说，跟表现如此平庸的学生解释并不重要的细节会让人觉得是种麻烦，不过这是我自学成才做成的第一件事，能分享一下，我还是挺激动的，哪怕分享的对象只是个人呢。

首先要说明一个事实：你们人类的科学家已经确定了4种基本力，他们认为，这4种力可以解释自然界中所有基本的粒子相互作用。或许还存在着别的力，也或许不存在，但不仅这是我该去了解的，也是你们这个物种要去发现的。第一种力是引力，但愿你至少对这种力稍感熟悉，因为当你们这颗小石头在太空中旋转移动时，正是引力使你不至于被甩得飞出去。引力远远弱于其余几种力，而且在粒子物理学的标准模型中，你们的科学家唯一无法用粒子来解释的也仅有引力而已。这难道是出于巧合吗？或许是吧，但也或许不是。

第二种力是电磁力，它决定了带电粒子之间会发生怎样的相互作用：如同性电荷相斥，异性电荷相吸。考虑到你们人类那点少得可怜且没用的教育，你对这四种力的认识水平可能就仅限于此了，而上述这两种力甚至都不是产生核聚变的原因！

还有第三种力，人类科学家称之为弱核力，它是导致原子发生放射性衰变的原因。例如，弱核力可以改变粒子中某一个夸克的特性，从而将中子变成质子。什么问题也别问。我没时间跟你解释夸克的事。它们太小了，说起来会叫我头疼的——假如我有头的话——所以，你要么自己去了解它们，要么就只能寄希望于质子也决定写一本自传了。

第四种力被称为强核力，对核聚变而言，这种力非常重要。它也是将原子核内的质子和中子聚到一起的作用力。虽然它是这4种力中强得一骑绝尘（比引力强6000涧，或者说6×10^{39}倍），却只有最小的尺度上才起作用。原子之间必须相距极近，强核力才能战胜电磁斥力。只有在密度大、温度高的恒星核心且原子间相距极近的情况下，强核力才会自然发生。这就好比每个原子都拿着一个牧羊人用的小钩子，可以用来钩住另一个原子，但前提是距离够近，钩子才能纠缠到一起。

对于参与核聚变的原子，这个过程几乎可以称之为一场痛苦的浩劫。它们的原子核首先会被分解，然后才能结合成一个新的原子，新原子比原先的两个原子都要重，却又比它们的质量之和轻一些。丢失的质量转化成了能量，我们的恒星这才得以发光。

直到20世纪初，人类才弄清了核聚变是怎么回事。人们至少耗费了20万年的时间，才理解了星星为什么会发光。他们无疑一直在尝试。我连创造第一颗恒星都没花那么多工夫，但造出恒星才只是第一步。（好吧，实际上，真正的第一步是让充足的气体冷却下来，这样我才能将其挤压成形，但这就像是在说：做饭真正的第一步是备齐食材。但明显这种话是不必写进食谱里的。）

我了解到，恒星需要在引力的内吸与压力的外推之间保持一种微妙的平衡。你们的天文学家将其称为“流体静力平衡”，我坚信，他们之所以要选择这么一个术语，只有一种可能，就是不想让你弄明白这是怎么回事。当然，引力来自恒星内部的所有质量，它们合力把每个气体粒子从边缘拉向中心。而压力则来自恒星内部四处运动的粒子，为其提供能量的是恒星核心的、炽热的聚变反应。温度、密度或聚变速率上的微小变化就会导致恒星的平衡被打破，进而导致灾难性的后果。在早期漫长的千万年间，我以这种方式葬送了众多恒星的生命，但在获得认识的道路上，这样的事故带来的代价是可以接受的。所以我容忍了那些损失。

我还得出了一个结论：批量制造恒星要简单得多[②]。对身为人类的你来说，这点或许是显而易见的，因为你们的生命转瞬即逝，所以效率是必不可少的。毕竟你们的流水线就是为了追求效率才产生的。我可以用宇宙中无尽的时间来创造这些恒星，所以我倒不担心效率问题，但我不想让新生的恒星感到孤独。于是，我没有将小团的气体云压缩成单独的恒星，而是开始压缩庞大的气体云，形成大约千颗恒星规模的星团。在经过足够长的时间之后，这些星团大多会在穿过银盘时四分五裂。它们就是你们天文学家所谓的疏散星团，它们与球状星团存在着显著区别，球状星团中的恒星数量更多，一般也更为古老。这是因为许多球状星团根本不是由我创造的，而是很久以前被我吞噬的星系残留下来的核心。由于球状星团中恒星之间的引力，它们在漫长的时间跨度内仍然聚集在一起。我也不能责怪它们。假如我在某场争斗中输给了其他某个星系，我倒是希望自己核球上的群星也能依旧抱成一团。

经过几十亿年的恒星实验，尽管我已经知晓了了这一切的原理，但我的恒星仍在不断死亡。虽然没有消亡殆尽，但其数量之多，足以让我忍不住觉得这都是我的错，仿佛是我的创造流程中存在着某种致命的缺陷。我回到绘图板前（这就是个比喻）去设计下一组实验。（我们星系不像你们的科学家，可以用白板、笔记本或电子表格来记录自己的想法。我们需要把事情都记在心里。）

我经历了一段恒星快速形成期，造星的速度比以往任何时候都更快，盼望着能找到制胜的公式，找出质量与金属的正确组合方式，从而造出不灭的恒星。我只能把生命中的那段时间形容成狂躁期。研究我历史的人类天文学家注意到，这次爆发出现在大约80亿年前。那段时期结束后，我的造星速度也显著放缓了。在另外的某些星系中，这种恒星形成的骤减（也就是你们人类天文学家所说的淬灭过程）发生时，星系已经耗尽了所有气体，又无法再另行获取。在古老的椭圆星系中，这种情况很常见，这些星系已经将可用的气体饕餮一空了。而即使是人类科学家也可以明显看出，在我身上并没有发生过这种事，因为大约在10亿年前，我的恒星形成又再度加速。（在前后两次爆发期之间，我并未彻底停止造星，这一点对你们而言应该显而易见，因为你们自己那个太阳的年龄已经接近50亿岁了。）

至于是什么原因导致了我的恒星形成过程发生淬灭，你们的天文学家各有猜测。其中有些人认为，散布在银盘上的小质量恒星产生了辐射，导致银盘的温度变得极高，气体云无法冷却到足以形成新恒星的程度。另一些人则认为我中心的星系棒（其实就是一大团恒星，它们的轨道维系着一个旋转质量团，看着像固体似的）把所有的气体都席卷一空，囤积起来了，所以无法形成恒星（尽管他们的解释并不认为它具有这么大的作用）。

当然，他们都错了。我停止造星的理由不过是因为郁闷。我目前也很郁闷，因为这种状态是不会轻易消失的，你得学着与它共存。假如你跟我一样，也是个星系的话，这种状态就会与你共存很久很久。

我进行了数十亿次实验，改变过恒星的质量、组成，甚至是位置，然后才发觉，我的每一颗恒星注定都会以各种各样的方式死亡。我不仅没造出想要的不灭恒星，而且显然也没找到合理而可靠的科学造星方法。我的工作毫无意义，我需要在那样的痛苦中沉浸一段时间。

现在我明白了——你们的天文学家也明白了——只要了解一点，即恒星的质量，就基本可以预测关于恒星之死的一切。

根据我的判断，在所有恒星之中，小质量恒星的死亡最缓慢，也最安静。它们的逝去像是一声呜咽，而不是砰然一响的爆炸，对此，你们的天文学家也抱有同样的看法。它们要耗费上万亿年的时间，才能将所有的氢聚变成氦，所以，我其实还从未目睹过小质量恒星之死。但我可以运用数学，像下一个星系那样，做出有根据的猜测，甚至比下一个星系猜得更准。这些小质量恒星曾经是我的最爱。我原以为它们标志着我的胜利，如今我才明白，自己只是在拖延不可避免的痛苦，这让我感到羞辱。不过，它们至少还能给我争取点最后的时间。

准确性在这里很重要。我所谓的“小质量”，指的是质量在你们太阳质量的10%到50%之间、温度在2500到4000K之间的恒星。人类天文学家称其为M型恒星，或红矮星[③]，在我的体内，它们是最常见的恒星类型。人类天文学家统计了不同质量的恒星数量，然后发现，质量更大的恒星较为少见。他们把恒星质量的分布情况称为初始质量函数（IMF），但至于这个函数到底是什么，或者是否存在一个放之四海而皆准的“正确”函数，他们并未就这两个问题的答案达成一致。倘若想在天文学家当中引起骚动，那你不妨站在一间人头攒动的天文馆里，大喊一声：克鲁帕IMF比萨尔皮特IMF好！在场的多数人必定会情不自禁地高声嚷嚷着自己的观点，作为对你的反击[④]。

我产生的M型红矮星比其他任何一种类型的恒星都要多，因为我知道，它们存续的时间会更长，尽管我也明白它们不会产生重元素，也不会返还大量气体供后续使用。我知道它们很自私，但我就是喜欢它们。

若要解释一下，红矮星为何不会产生重元素，我们就必须看看我恒星实验的另一个方面。这方面的重点在于如何传递热量。还记得吗？恒星的大部分能量都产生于其核心，但我却想造出一颗浑身到处都炽热而闪耀的恒星，要做到这一点，我就必须先弄清楚，如何才能将热量从恒星的一部分转移到另一部分。

热量可以通过三种不同的方式来传递：

◎传导，即通过物质的直接接触来传递热量。举个例子，当你在……呃，随便什么东西上面烫伤了你那细皮嫩肉的手，热量就被传递到了你的手上。哪怕这东西只有一点点热，它也会把你烫伤，我是说真的，你们应该进化出更厚的皮才对。

◎对流，即通过流体来传递热量。比如当你烧水的时候，就会发生热量传递，因为你需要……做东西吃吧？我猜的。我尽量不去想那些叫人恶心的肉质食物。

◎辐射，这里指的是发射电磁波，它可以携带着能量穿过任何介质，甚至包括太空里的真空。正是因为有了热辐射，在夜间，你们这些鬼鬼祟祟的人才能用红外线夜视护目镜来偷偷监视别人。而夜间你本来应该注意的是我。

我很早就明白了，传导这种方式在恒星中没那么有效。要知道，恒星是由等离子体和气体组成的，这二者都是流体

（也有液体，但恒星可不是湿的啊），只要你用壶煮过水，那就该知道，要在流动的物体中传递热量，对流是最好的方式。辐射也可以发挥作用，在这个过程中会产生低能光子，而光子会通过任何一种介质（包括太空）带走热量。

红矮星之所以特别，是因为它们所有的热量都是通过对流来传递的。当一团团炽热的等离子体远离翻腾的核心时，它们会被温度更低的物质所包围。然后炽热的等离子团便会膨胀，变得更有浮力，以更快的速度漂浮到恒星的外层。与此同时，红矮星表面上温度较低的气体团会收缩，并落向核心。这种连续不断的循环运动让恒星里的物质相互混合，阻止了氦一直稳居于核心，同时又将氢从恒星外层输送到中心。我的这项创新使M型红矮星成了我所有的造物中最高效的氢气炉。最终，大部分的氢都聚变成了氦。但是M型红矮星的质量不足以形成高压条件，从而进入核合成过程里的下一个步骤：将氦聚变成碳[5]。

倘若没有核聚变在核心产生向外的压力，引力就会占据上风，红矮星会自行向内收缩。我跟你们说过，流体静力平衡是很微妙的。收缩后最终残留下来的这颗星体就被称为白矮星，它会缓慢地散发热量，直至冷却到无法再发光，也不再值得我去关注。

再过个百十亿年，总有一天，我将不会再有残留的气体来制造新恒星。大质量恒星会死亡，我所拥有的就只剩下矮星了。我料想，那会是一段孤独的时光，不过，即使是对我来说，那也还要再过很久还会发生。

与此同时，我还会继续感受着像你们太阳这样的恒星以无聊的方式结束自己虎头蛇尾的一生。你们的天文学家本来应该将这些恒星称为G型恒星的（官方的分类就是如此，但你们人类往往非要称之为“类太阳”恒星，仿佛你们那个太阳就是所有G型恒星努力要成为的榜样）。它们大约需要100亿年的时间，才会燃尽所有的氢。

与内部完全对流的红矮星不同，G型恒星具有一个辐射核心，被对流层所包裹。创造这样的恒星有些棘手。不仅恒星的每一层都有其自身的平均密度，外层的密度小于内层，而且每一层都有自己的密度梯度。G型恒星的辐射层密度极大，密度梯度也颇为陡峭（意味层内的密度变化极大），对流不可能发生。远离核心的物质团的密度比周围环境的密度要大得多，所以在到达恒星的外部区域之前，它们就会重新落回核心。没有了对流，热量透过这一层传递到下一层的唯一方式就是电磁辐射。换言之，光子将热量从核心带到最外层，这里稀薄的密度足以让对流发生。与质量较小的恒星不同，G型恒星可以创造出合适的条件来制造出更重的元素，比如碳和氮。

当G型恒星将其核心内的氢全部聚变后，它的初始温度就会过低，无法使氦发生燃烧。由于缺乏核聚变向外推挤的辐射压力，无法维持流体静力平衡，恒星便开始收缩，但随着密度的增加，温度也会上升。恒星的温度很快升高到足够的水平，使其可以将氦聚变成铍，然后在极短时间内与另外的氦相结合，生成了碳。接下来，就如溺水的人吸入了氧气那样，聚变使恒星开始膨胀。在随后的10亿年里，当越来越重的元素在恒星在燃烧的过程中相继形成时，这种情况还会重复发生若干次。人类天文学家称这些膨胀的G型恒星为“红巨星”。

再过大约45亿年，你们的太阳就会膨胀，进入红巨星阶段。届时人类可能早已没了踪影，被你们星球上的又一次大规模灭绝事件所消灭。信不信由你，这反而件好事。因为假如你们仍然生活在这里，那就很可能在太阳炽热的包裹中被它吞没，因为它会冲着你们太阳系的方向朝外膨胀⑥。我会说声祝你们好运，或者让你们对着我的某一颗“流星”许愿——它们根本不是恒星*，只是流星而已——你们似乎有这种习惯，但这对你们其实并没有什么好处。

在彻底毁灭了你们整个星球之后（这种情况很有可能发生），你们太阳与别的G型恒星一样，会用带电粒子组成的恒星风将自身的最外层剥离。这幅景象看起来绝妙之极。我第一次目睹这种情况的时候，还以为这就是恒星的压轴表演呢（结果

* 原文的字面意义可理解为快速移动的恒星。——译注

并不是）。在恒星将其庞大厚重的外层去掉以后，残留的核心发生坍缩，就形成了——（请击鼓欢迎）——一颗白矮星！

G型恒星的死亡或许令人扫兴，但质量最大的恒星之死则属实悲惨，这些失败是最令我难以承受的。对我而言，这也很不好写，但我会尽力而为（无论从哪个角度来看，这也是最精彩的一段）。

“大质量”这个词有些特别，因为它是个相对的概念。按照你们的标准，质量10倍于你们太阳的恒星绝对就算大了，然而，假设你们生活在一颗质量百倍于太阳的恒星旁边，它就算不上大。当然，这纯属假设，因为这些质量最大的恒星存续的时间不长，连行星尚且不足以形成，更不必说长久地维系生命的存在、足以使其发展为智能生命了——我真是宽宏大量，居然说你们是智能生命。不过短短的1000万年，然后它们就会消失。它们还会发出紫外线和伽马射线，这似乎对你们脆弱的身体有害，所以不管怎样，即便你们这个物种真能成功地在那里发展形成，也活不了太久。

人类天文学家抛下了在恒星分类体系中最重那一端的细微差别，从而避开了这个相对性的问题。正如凡是波长超过1毫米的电波都可以被笼统地称之为无线电波那样，凡是质量超过太阳15倍的一切恒星，都可以称之为O型恒星，或者也叫做蓝巨星。它们表面达到了足够的高温（至少3万K），足以在核心内点燃氦聚变，只是它们的对流层存在于内部，外围包裹着辐射层，与中等质量恒星恰好相反。

你们的天文学家把这么宽泛的质量范围归入了单一类别，或许是因为大质量恒星的数量过于稀少吧？倘若真是这样，那大概是我的错。大质量恒星不易产生，且结局常常很悲惨。无论对我还是对恒星而言，都是如此。

我造出的质量最大的恒星介于150到200个太阳质量之间。我跟其他星系聊过，就算它们能造出更重的恒星，它们也会保密的。因为星系拥有漫长的寿命，所以要保密并不容易，而谎言有种特性，就是会越积越多。我很有信心，恒星不可能比这个规模再大多少了。凡是说自己需要更大质量恒星的家伙，都只是在企图弥补什么。

几十亿年前，有一段时期，小三企图让大家都相信，制造出相当于300个太阳质量的恒星是完全有可能的。

随他去吧。我们都知道，小三体内充斥着炽热的气体。一旦超过200个太阳质量，天体就很难再保持流体静力平衡了。对你来说，这一点可能违背了常识：当恒星的质量变得更大时，引力反而会落于下风。还记得吗？在几种基本作用力当中，引力是最弱的一种，而辐射压力主要来自以光子形式存在的电磁辐射，在大质量的情况下，辐射压力会变得过于强大。将近一个世纪前，在没有动手做实验的情况下，有位人类科学家就已经发现了这一点，虽然他更关注的是恒星光度或亮度的上限，而非质量的上限，但这两者是密切相关的。他名叫亚瑟·爱丁顿（Arthur Eddington），你们管他叫“爱丁顿爵士”，哪怕他谨守自己的原则，从未参加过任何一场战斗。既然破坏和摧毁是我的无奈之举，那我必须向他的坚定不移致敬。

如果你以为，15倍太阳质量的恒星和100倍太阳质量的恒星会以同样的方式死亡，那你显然没有认真听我讲。质量差异很重要！无论是0.5和1的差距，还是15和100的差距，都是很重要的。大质量恒星未必全部会以相同的方式死亡，但在死亡的过程中，它们确实都会经历相同的一站，亦即超新星爆发。更确切地说，它就是你们天文学家所谓的II型超新星，因为你们人类真的特别喜欢给事物分类。

等到O型恒星准备迎接死亡的时候，核心的氢应当已经全部聚变成了氦，氦又相继聚变成了碳，接着是氮、氧、硅，最后是铁。这些元素形成了一层又一层，铁元素在核心，氢元素在表面。对强核力而言，大于铁的原子体积过大，无法占据上风并促进核聚变，所以，更重的元素要在更具灾难性的事件中才得以形成，比如中子星相撞[7]。

当核心内部没有更多的硅可供聚变成铁时，流体静力平衡就会被打破，恒星就会坍缩。如此一来，便有过多的物质挤在一个高密度的空间里，于是恒星就会爆炸。有人可能会说，这一幕很美。那你们或许应该记住，美丽也孕育着痛苦。

爆炸将O型恒星产生的所有重元素飞速抛入星际介质中，抛入恒星之间的空间，抛入我体内。利用这些重元素，我可以创造出富含金属的未来恒星。这样看来，O型恒星是恒星当中最无私的一类。

我方才已经说过了，超新星只是恒星通向死亡途中的一站，而非死亡本身。小质量的O型恒星——相对来说的小质量行星，留下了高密度的残余物，你们的天文学家称之为中子星。我认为这个名字很合理，因为这些残留下来的核心密度极大，它们的质子和电子全都结合到一起，形成了中子。它们也会产生中微子，但你真的关心这些是什么东西吗？我才不在乎呢[8]。然而，中子星的密度之大，就如同你们的太阳被压缩到了地球上某一个城市的尺寸。随便哪个城市都行，但洛杉矶除外，就我的感受而言，它实在太杂乱无序了。

最重的恒星则会留下密度比中子星还大的残留物：黑洞。这些天体质量极大，体积却很微小，以至于只有在运动速度超过光速时，你才能摆脱黑洞。它们就像死亡、税收和业余水准的脱口秀一样，让人逃无可逃。

130亿年来，我一直在造星，也一直在等待着它们死去，其中某些恒星的死亡比其余的更显绚烂。在这个过程中，我只能通过自己的恒星实验得知，像M型红矮星这样较轻的恒星寿命更长，但像O型恒星这样的重型恒星对系统的回馈更为丰厚。

你也知道，无论属于哪一个类别，它们对于我来讲都很珍贵，不论是M型、G型和O型系统。我屈尊借用的这个体系是由一个名叫安妮·江普·坎农（Annie Jump Cannon）的人发明的。坎农以表面温度为依据，将她观测到的恒星划分成了7个不同的类别。

从温度最高到温度最低（恰巧也是从质量最大到质量最小）的7类恒星分别为O、B、A、F、G、K和M。她工作的年代是在19世纪与20世纪之交，当时，你们这个物种对女性的贡献存在严重的低估，她是通过观察潦草的线条来完成这一体系的。换作是你，肯定绝对办不到吧！

这些光谱型可以绘制在一种特定类型的图上，在职业生涯的早期，现代的人类天文学家对这张图就会有所了解（然后一次又一次地提出来……）。此图名为赫茨普龙-罗素图，是以两位科学家的名字共同命名的，他们各自以某种形式构想出了这张图，以图表形式呈现了恒星的内禀亮度与坎农体系定义的恒星类型之间的关系。用这种方式来展示数据确实巧妙得令人惊讶，这样一来，人类就可以轻易地看出任何一种图案了，因为图案本身是可视的。

凡是对着这张图的人都能看得出来，大多数恒星都分布在一条曲线上，这条线从黯淡的低温M型恒星延伸向耀眼的高温

O型恒星。你们的天文学家把这条线称作主序。这又是一个不怎么样的名称，不过我们前面已经说了很多次你们人类在起名上匮乏的想象力。主序上不过是一群核心内部正在活跃地将氢聚变成氦的恒星。一旦氢聚变停止，它们就会脱离主序带，沿着某些有趣的演化路径演变下去。然而，每条路径最终都指向同一个结局：败局。

你或许会觉得奇怪，既然我明知道自己会失败，那为何还要不断尝试着去造新的恒星？或者在更好一点的情况下，你可能会想，既然我明知道创造的每一颗恒星都会不可避免地走向死亡，那我为何还会将其视为败局？这两个问题有一个共同的答案，这个答案很简单，真的：我爱我的恒星。

我相信，你很可能以为我是个毫无感情的冷酷生灵（虽然这样想比完全不考虑我强了点），但这种想法跟实际情况相差何止十万八千里啊！每当在战斗中打败了另一个星系时，我都会感受到一种费解的情绪，混杂着绝望和自豪。我对萨米的陪伴感到感激，对拉里的出现感到懊恼。我爱仙女座。我耗费了百十亿年的时间，力求把每一颗恒星都塑造成最好的模样，难道相信我也爱我的恒星就这么难吗？但愿不是吧。

然而，在这一切的背后，充满负罪感的自我厌弃却深植于我的核心、散布在我的体内。因为我知道，我之所以不得不宣判每一颗恒星最终的死亡，只是因为这是自己能活下去的唯一方法。我浑身布满了绝望的无底洞，这是个比喻，这些无底黑洞与真正意义上的黑洞交叠在一起，但要从这二者当中逃脱都绝无可能。

第九章　内心的骚动

我的黑洞多数都很微小，形成于质量极大的恒星赴死的壮美之时。它们是我自尊心上的污点，每一颗黑洞的质量可能只相当于几十个太阳，但在我体内各处却散布着几千万颗。单颗而论，这些令人扫兴的家伙一个个都好办得很，但它们合在一起的重量却令人崩溃。人类总是会在小小的挫折带来的压力下崩溃。对你们当中的许多人来说，“对着打翻的牛奶哭泣”不仅是一种措辞而已，但我已经发觉，真正的问题并不在于牛奶；而是牛奶泼了、钥匙丢了、约会吹了、申请工作被拒了，以及其余所有让你不开心的事叠加到了一起。

正如你身边的人几乎看不见所有把你拖入阴暗情绪的小事，人类天文学家也很难看到他们称之为“恒星级黑洞”的东西，这个名字有些讽刺。当它们单独存在时，低质量黑洞并没有闪闪发亮的炽热吸积盘，或是使得人人瞩目的耀眼喷流。那些浮华的表演是能量极高的黑洞的保留节目，也就是你们天文学家所谓的活动星系核（AGN）。有时，出于偶然，一个恒星级黑洞会从你与某个亮闪闪的背景光源之间穿过，黑洞的引力恰好让光源发出的光朝你的方向弯曲，但这种情况相对罕见。你们的天文学家一般只能研究我那些成对存在的恒星级黑洞。黑洞会吸走周围的一切，所以，当有伴星存在时，它们就会窃取伴星的物质，用其构建一个发出X射线的吸积盘。

顺便说一下，对你们的天文学家而言，X射线很特别——或者我应该说，特别让人觉得泄气。从19世纪中期开始，你们就在地球上研究和使用它了，但又过了一个世纪，你们才观测到太空中的X射线，因为其中多数都无法穿透地球的大气层。X射线的波长甚至比你吸入的分子还要小，所以，X射线的光子在被吸收之前，在空气中传播不了多远。也就是说，你们的X射线研究项目要想取得成功，就必须搭乘高空气球，高高飞行在地球上空，或者发射到轨道上，如同NASA的钱德拉天文台那样。

我跑题了。这一章的重点不是议论那些微小的憾事，而是跟你说一说那个大家伙，亦即我中心那个所谓的超大质量黑洞，你们的天文学家已经将其命名为人马座A*。在我的生命中，有一段长达数十亿年的漫长时期，这件事我几乎无法说出口。我尚未完全达到欣然接受的程度，但想到我那些黑洞时，感觉也不再像那么难受了。

所以，我会迎难而上，熬过这一章，因为我的故事值得一讲。而你嘛……嗯，你要学的东西实在太多了。

我管我中心的那个黑洞叫“萨吉”。很久以前，我就意识到，如果给某样东西起个名字，面对它就会变得更容易。这个名字本身只是音译，原词是从古银河语中衍生出来的……呃，我猜，在你们地球上，含义最接近的词应该是“脑子进水了”吧。记住，这是很久以前的事了，又过了许久，你们的天文学家才知道自己是生活在一个星系里，更别提还是跟一个让人心烦的讨厌家伙共同生活在这里了，那家伙潜伏在我罪恶的阴影里，等待着破坏和吞噬一切靠得太近的东西。你们的天文学家给它命名的时候，用的只是天空中那片区域的名字，萨吉发出的信号就是在那里探测到的，所以，这两个名字如有相似，纯属巧合*。

这其实是个有趣的人类小故事，要从一个名叫卡尔·扬斯基（Karl Jansky）的人开始讲起。如今，卡尔被视作“射电天文学之父”，甚至有以他的名字命名的测量单位。扬斯基测量的是通量密度，即在指定时间内通过特定区域的能量，然后再由望远镜接收器的带宽加以标准化。在人类其他的科学学

---

* 原文萨吉（Sarge）与人马座A*（Sagittarius A*）略有相似。——译注

科中，也有别的通量密度单位，但扬斯基是个特殊的单位，只适用于异常暗淡而微小、具有大范围的连续谱辐射的来源。这个单位基本上只有射电天文学家才会使用，人数仅有1000人左右。何况，使用扬斯基这个单位的人似乎总是在诉苦，所以……这对卡尔来说可不太妙。

20世纪30年代——对于像你们这样的生物来说，呃，那似乎是个艰难时期，你们对吃极度依赖，可是身边的东西肚子里却只能装下很小一部分——卡尔发现了无线电信号，来自太空中一片被称为人马座的区域，根据被你们天文学家当成宝贝的那个国际天文学联合会，人马座是官方认定的88个星座之一。

别忘了，当时，你们人类还只能勉强望见太空而已。要如何透过8kpc范围内的尘埃、气体、恒星、黑洞，以及其余一切可以阻挡光、使光弯曲或改变方向的物体（天文学家研究的对象就是光），去进行观测，他们根本不知道。所以，当我告诉你，他们又过了40年才找到萨吉的时候，应该不足为奇吧？仿佛几百万年来，我不是一直在向任何愿意倾听的人抱怨它似的。

在那40年间，有多位天文学家发现，卡尔的射电信号其实来自本星系——也就是我——的中心，而且实际上有多个重叠的射电源，其中有一个天体比其余所有天体都更亮，密度也更大。到了20世纪80年代，关于萨吉的信息，人类天文学家已经收集得很充分了，从而确定了它很可能是个黑洞，因为它的体积这么小，质量却这么大，他们根本不知道还有什么天体能具备这样的特性。当时，他们称之为人马座A*，因为在这片位于中心的射电强区域，它是个“令人兴奋”的天体，而你们的物理学家一直用星号来表示原子激发态。假如他们像我一样了解萨吉的话，那肯定要等到最后才会想起“令人兴奋”这样的形容词。话又说回来了，假设有人当真像我那样熟悉萨吉，他们立刻就会被撕成碎片的，我知道，有些星系确实会觉得这种事相当令人兴奋。

把这一点说得再清晰些吧，这样哪怕连人类也能明白：人马座是天空中的一片区域，人马座A是在人马座区域发现的一个复杂的无线电发射源，具有多样性，而人马座A*就是人马座A当中最明亮的那一部分。

这些发现必须一项项地逐一取得，每一项都要以上一代人类科学家的研究成果作为基础。你们人类的行动过于缓慢，困扰人类的问题又为数众多，你们毕生都在致力于解决某个问题当中微小的一部分。我就喜欢看人类干这种可爱的傻事。

不过，关于人类的事还是少说两句吧，咱们多说说萨吉。我跟你说实话——我几时没说实话了？——我很害怕谈及这个话题，所以只好找个轻松的方式去切入。

回想一下你记忆中时间最早、印象最鲜明、觉得最丢脸的事吧。那段记忆的边沿处参差不齐，每当它从你脑海中掠过时，强烈的羞愧感依旧会让你的鸡皮疙瘩顺着脖颈缓缓向上蔓延。大概就像是那一回，因为你一个人的缘故，全队输掉了赛季中最重要的一场体育比赛；或者你外出度假一周，却没有请人帮忙喂养宠物沙鼠。不管到底是怎样的记忆，你每次一想起来，很可能都会觉得不舒服。但那只是一种念头而已，是对昔日往事的记忆，你正在逐渐将其淡忘。

然而，萨吉却是一种有形的存在，体现了我身上最令自己痛恨的一切。每一个被吞噬的星系、每一次误入歧途的轻浮错误、每一句针对萨米的刻毒冤枉话。（不过，这些话没有一句是针对小三或拉里的，因为它们俩绝对不冤枉。）当我吸纳其他星系时，我也承担了它们的耻辱。

我们星系内心的芥蒂是有切实体现的，在我们的生命历程中，这点或许是最糟糕的一部分。我猜测，这是我们的设计缺陷，从而否定了具有智慧的造物主存在的可能性。但是，假如非得在长黑洞和——呕吐声——擦屁股之间二选一的话，那我肯定会选择前面那个洞洞。你们星球上的其他猿类似乎都不擦屁股，但你们放弃了这个习惯，只是为了能够直立行走[①]。

萨吉是我最阴暗、最沉重的记忆所在，那些记忆已经潜入了我的内心深处，竭尽所能地要把我也拖下水。我每次尝试新鲜事物的时候——比如，我头一回造出了一个带环的行星那会儿[2]——萨吉就让我心中充满了怀疑。"一个环？"它问道，"怎么，难不成你懒得连卫星都不造了吗？"每当我给狮子座发星信的时候——我可以跟那附近的星系家族进行群聊——萨吉就务必会让我记住犯下的每一个语法错误、每一次察觉到不小心多说了几句的时候。"你在星信里放了那么多镁，你确定它们还是你朋友吗？光谱简直辨认不出来！"即便到了如今，它还在跟我说，我太爱发牢骚了，谁也不关心我的生活和遇到的难题。反正没有什么重要的人物在关心。我看，你肯定觉得迷惑不解吧。

萨吉妨碍了我去想象自己能成为什么模样，因为我正忙着对未能实现的自己觉得遗憾、对自己曾经的表现感到绝望。当然了，你们的天文学家对黑洞的看法可不是这样。对他们而言，"萨吉"只是个考验智力的奇观，是个密度很大的天文学谜团，解开它的奥秘可以为他们赢得一座价值不菲的奖杯。实际上，有3名人类天文学家证实了萨吉其实是个黑洞，因而共同赢得了2020年度的诺贝尔物理学奖。毫无疑问，他们一定付出了相当长的时间！难怪人类的天文学家在谈及黑洞时，就仿佛它们是种不可思议的现象；他们认识萨吉的时间还不够长，尚未了解它真正的本质。

就物质方面而言，黑洞由两到三部分组成。

一是黑洞本身，即密度很大的中心部分，光无法从这里逃逸，它最外层的边界被称为事件视界。其次是吸积盘，这是一个由物质组成的环状物，缓慢地旋转着，向黑洞靠近，由于吸积盘上单个粒子之间的摩擦而发光。最后，某些黑洞还具有你们天文学家所谓的喷流，这是强烈而明亮的物质流，从吸积盘面朝着上下两边喷射——不过在太空中，这样简单的方向一般毫无意义。

你们的科学家用3个不同的特性来描述黑洞：即质量、电荷和自旋。既然我们已经一路同行了这么久，我相信，关于什么叫做质量的说明，我总可以跳过了吧……

电荷是指黑洞的电荷，基本上就是质子和电子的数量差，或者说，也就是正电荷和负电荷。黑洞往往是电中性的，因为宇宙中质子与电子的数量相差无几，二者有同等的可能性被黑洞所吸收，并相互抵消。实际上，尽管随着黑洞吸积（或者说吞噬）新的物质，电荷始终处于变化中，但你们的天文学家一般只是假设所研究的黑洞不带电，这样计算起来就会更容易些。

黑洞的自旋，或者叫角动量，完全……就是听起来的那个意思。确实，你们的天文学家偶尔也能想出合理的名字！黑洞的自旋越大，对周围时空的扭曲和拖曳就越大。小型的恒星质量黑洞之所以会自旋，是因为它们是由旋转的大质量恒星坍缩形成的。（而那些恒星当初之所以会旋转，又是因为我用来造星的气体云原先就在旋转；而那些气体云当初……呃，反正就是这么一路旋转下来的，或者一路旋转上去的，或者说旋转出去的？明白了吗？真差劲！我们就这么说吧，太空中几乎一切都在旋转。）至于像萨吉这样较重的黑洞，它们的自旋则是来自于碰撞之后残留的动量，要形成质量如此之大的天体，碰撞是必不可少的。

萨吉的质量大约相当于你们太阳的400万倍，不过，人类测出的质量范围在太阳质量的300万到500万倍之间。正如你会压抑自己最不喜欢的记忆、将其约束在你头脑中最阴暗的角落，我也会把那些汹涌的质量压进一个狭小的空间里，这里比你们行星围绕太阳运转的微小轨道还要小。有些人类天文学家表示，它甚至比水星的轨道还要小。

你们当中有些人需要一点帮助才能理解（你的同类大概多数都是这样，所以，别觉得自己太不中用了），这么说吧，这样的天体质量那么大，体积却那么小，它们的密度太大，连光都无法逃脱它们的引力。在这么巨大的质量周围，“时空结构”（你们的科学家特别喜欢这样来形容）会发生弯曲，于是，凡是企图从中逃逸的东西，比如光子，或者自我接纳，都会掉头朝着来时的方向。

黑洞的密度极大，由此带来的最显著后果——至少对人类而言是这样——就是不可能看得见它们。并不是说我欠你个解释，但我可以发誓，我不是故意要把它造成这样的。假如萨吉身上有任何一处我能控制的话，那我绝对就会去做，哪怕只是为了夺回一丁点儿尊严也罢。何况，就算我能让萨吉变得人眼可见，我大概也不会觉得这件事值得一做。还记得吗？我又没长眼睛。

人类看不见黑洞，它们正是因此而得名的。“黑洞”这个词似乎已经渗透到了人类的语言中，成了某种“从房间里吸走所有能量和生命的东西”，这固然是正确的，但仍然会导致你的同类产生普遍的误解，认为黑洞就像真空，会吸走周围所有的物质。不对！黑洞永远也不会在任何一件事上投入那么多的精力。不，它们只是坑洞而已，只有移动缓慢的东西才会掉进去。假如就在明天，你们的太阳突然变成了一个质量相当的黑洞，那么，不久以后，你认识的每一个人大概都会死去，但那并不是因为你们被吸入了太阳系的中心。你们会继续沿着原来的轨道运行，直到地球以及地球上的一切都凝固结冰，因为你们完全是在利用我创造的那颗恒星的热量，而热量如今消失了。

黑洞这个词也给太多人留下了一个愚蠢的想法，即黑洞、暗物质和暗能量之间存在着某种联系，不过它们其实大不相同。黑洞是密度极大的天体，由普通的物质形成，但并不以物质形态存在，你们科学家将它们这类物质称之为“重子物质”。暗物质则是……好吧，你们的科学家尚未完全确定它是由什么组成的，不过，它的表现和重子物质一模一样，只有一点例外：它不会和光发生相互作用。（你们有些天文学家和物理学家认为，暗物质有可能是由小黑洞组成的，但这个设想不怎么流行。）暗能量根本不是物质，而是你们的科学家所命名的一种看不见的力量，推动着宇宙的膨胀。这三者人眼都看不见，但话又说回来了，大多数的东西都是人眼看不见的，所以，这不是把它们归并到一起的好理由。

“可是，银河系啊，”我希望你会这么说，“既然看不见黑洞，那我们怎么研究它呢？”

你这么问真是太机智了！唔，首先，你需要接受一个事实：要了解某种事物，除了用眼睛看之外，还有其他的办法。对于萨吉的存在，我即便没有一直保持着敏锐的觉知，却仍能感觉到它坐落在那里，拖曳着我的恒星，喷涌出有害的能量。其次，再来真正地回答一下“你提出”的问题：人类天文学家研究黑洞的方式，是测量黑洞对环境的影响。

从20世纪90年代起，你们的天文学家就一直在研究红外线和无线电信号（波长在这个范围的光最容易穿透阻隔在你和萨吉之间的尘埃），以此来测量最接近银心的某些恒星的位置和速度。就连人类科学家也明白，引力驱动着太空中的运动，而引力又来自于质量，所以，通过了解这些所谓“S星”的运动，可以帮助你们的天文学家确定萨吉的质量范围。我以自己创造了杰出的恒星为傲，尤其是那些极具勇气、颇能忍受困境的恒星，这样它们才能待在离萨吉那么近的地方，但遗憾的是，你们的天文学家似乎只想要它们能提供的信息。真无礼啊，但我估计这些人根本不懂事。他们发现了一颗恒星，将其命名为S2，因为它是离萨吉第二近的恒星（这个你懂的），这名字就特别能说明问题。大约每16个地球年，S2便可绕萨吉运转一周，真是够频繁的，以至于S2椭圆轨道的全周期天文学家已经见过不止一回了[③]。这些恒星与萨吉的距离很近，所以，使用你们人类的AU作为单位是最合理的。大部分时间里，S2都位于距离萨吉950AU左右的地方，但在它最大胆的时候，S2跟这个大质量怪物的距离缩短到了仅有120AU。在相距最近的地方，S2必须以每秒7700公里的速度运动，这个速度相当于光速的2.5%！这位就像尤塞恩·博尔特（Usain Bolt），是恒星中飞驰的子弹。是我最喜欢的超胆侠。

在几百个地球年之前，有一位名叫开普勒的天文学家，花费了大量时间来思考卫星、行星、恒星等的轨道，在大多数情况下，它们运作的方式都是一样的。（但我核球上的那些恒星混乱无序，往往会避免沿着天文学家所认为的开普勒轨道运动。）开普勒发现，只要知道绕轨运行的某个天体的距离和周期，就可以计算出它所围绕的一个或多个天体的质量或总质量。你们的天文学家便利用开普勒的研究成果和S2的轨道来为萨吉“称重”。

黑洞的质量决定了它的大小，对你来说，这应该不足为奇吧。根据定义，黑洞是一种质量极大、密度极高、连光也无法从中逃逸的天体，所以，在密度降到阈值以下之前，一定质量的黑洞就只能有这么大。在理想的简化条件下，黑洞既不带电，也不自旋，那个尺寸界限就是史瓦西半径，或者说，就是与逃逸速度等于光速的物体的距离。萨吉的史瓦西半径大约为十分之一个天文单位，但它的实际半径比这要小。

最近——我说的这个最近是对人类而言，所以根本就没过多久——你们的天文学家终于想出了给黑洞拍照的办法。嗯，拍摄到的是位于黑洞边缘的事件视界。他们探测到的信号被称为同步辐射，是电子在磁场线周围加速时产生的，简直就像它们在下落时发出的尖叫声。为了拍摄这样的照片，天文学家必须建造一台与地球同样大小的望远镜。望远镜越大[④]，小的天体就能看得越清晰。虽然哪怕是最小的黑洞，在体积上绝对也会让你相形见绌，但在你眼里看起来却很小，那是因为它们离你太远了。耗费那么多精力，就为了给带有浓浓遗憾色彩的东西拍张照片，这种事我才不会干呢，不过，这必定像是某种地球上的成人礼吧，因为在你们当中，有许多人都会抓拍自己在青春期前的出糗照片。

你们天文学家发现的最小黑洞仅仅相当于太阳质量的3倍左右！才3倍而已！还不到萨吉质量的百万分之一，直径也只有15英里[⑤]。了解了黑洞的质量下限，有助于人类天文学家区分黑洞和中子星，形成中子星的恒星质量只比形成黑洞的恒星略小一些。最重要的区别在于密度——中子星的密度大得足以将电子挤压到质子内部，形成中子，但你们的天文学家暂且还不确定这个阈值是多大。

说回这台地球大小的望远镜吧。很明显，你这个物种造不出足有你们星球那么大的单体望远镜——虽然我很乐意瞧一瞧，假如你们尝试着这样做，会引发怎样的混乱场景。你们的天文学家转而使用了强大的计算机，采用了全球各地的望远镜经过严格定时观测的数据，对其加以分析，与猫鼬望远镜有些相似，但规模更大。实际上，这个基本概念是在19世纪末发展起来的，已有超过100年的历史了，但在事件视界望远镜（简称EHT）项目之前，却从未在如此重大的项目中应用过。

EHT项目联合使用了至少8座不同的地球天文台的望远镜，而且随着时间的推移，这个望远镜网络还在继续扩大。2019年，你们的天文学家梳理了大量的数据，来自世界各地的望远镜阵列，数据量之大，真可谓堆积如山[⑥]，随后，他们发布了有史以来第一幅黑洞事件视界的人工图像。但那并非萨吉的事件视界，甚至也不属于我的某个规模较小的黑洞，而是来自另外一个星系：M87。

M87是个椭圆星系，位于一个紧邻的星系团，即室女座星系团。(千万不要把它跟室女座超星系团混淆了。你可以把它们之间的区别想象成一个是纽约市，一个是纽约州。因为室女座星系团中的星系就像最傲慢的纽约人一样，以居住在自己那个独特的大都市为荣。) 作为室女座星系团中最强大的一个星系，M87肩负着重大的责任，有一段声名狼藉的悠久历史，还有一个大得合情合理的中心黑洞。尽管“萨吉”离你们更近，但对你们人类无法远观的仪器而言，M87的黑洞却更容易成像。

像这样在未经许可的情况下私自拍照，我不清楚M87是否会对此表示欢迎，不过，你们的天文学家是否在乎要征得星系的同意，我也表示怀疑。那张照片里蕴含的信息包括M87星系中心黑洞的大小（因此也包括其质量），以及它的自旋方向（由于多普勒效应使然，朝着你们移动的那一侧会显得更明亮）。

进一步的观测显示，在黑洞的事件视界周围，存在着强大的螺旋形磁场线。这证实了20世纪70年代关于喷流形成过程的早期假设，1918年，因参与那场大辩论而声名鹊起的学者希伯·柯蒂斯首次观测到了喷流。罗杰·布兰福德（Roger Blandford）和罗曼·兹纳杰克（Roman Znajek）当时供职于剑桥大学，大概是在喝茶聊天的时候，在没有丝毫证据的情况下，他们便猜测，旋转的黑洞可以将其磁场线扭曲成螺旋形。电压沿着这些磁场线传播，吸走了吸积盘的能量，黑洞便上演了一场光线秀。

拥有超大质量黑洞的星系并非仅有M87和我，每个星系的中心都有这样一个黑洞。呃，我是说，每一个真正的星系。大多数矮星系就没有，这是有道理的。这么渺小的星系有什么好烦恼的呢？

即便如此，仍有某些矮星系确实承载着这种沉重的负担。你们的天文学家已经发现了大概十来个这样的矮星系，并在电脑上进行了模拟——他们真是喜欢电脑啊——借此来说服自己：那些黑洞是真实存在的。他们尤其感兴趣的，是在远离那些充满愧疚的矮星系中心处发现的超大质量黑洞，因为黑洞往往会想方设法悄悄钻进万物的中心[7]。一般而言，它们的黑洞要小一些，质量仅仅比太阳大100万倍左右，但话又说回来了，对矮星系而言，这是意料之中的事。

根据天文学家的计算机模拟，有些矮星系的质量达不到必要水平，因而引力的强度也不足以将黑洞固定在相应的位置，对这些矮星系而言，偏离中心的黑洞应该是相当普遍的。在矮星系中，约有一半的超大质量黑洞都偏离了中心点。可是，没想到吧？计算机模拟并没有把握住全貌。

与我昔日经历过的那些碰撞不同，矮星系的碰撞并没有那样激烈。我已经很长一段时间没有跟能大战一场的对手星系交过锋了。然而，矮星系是宇宙中最常见的星系类型，它们相遇的次数很多。当一个矮星系将另一个打败时，这场战斗更显公平，双方都值得为之自豪。这里说的是一般情况。有些矮星系比别的矮星系更容易愧疚，有时，双方的交战会变得有点卑鄙。当这种情况发生时，羞窘就不足以成为矮星系的核心特征，被其余的一切所围绕。因此，黑洞便会存在于远离矮星系中心的地方。

尽管矮星系的黑洞是这般模样，但作为超大质量黑洞而言，萨吉还不如它们给人的印象深刻呢。勤劳善良的星系多了去了，很多这种星系的黑洞都比我这个更大。M87星系的黑洞质量比太阳要大60亿倍左右。在相距几个星系团之外的阿贝尔85星系团，有个星系被你们的天文学家称为霍姆伯格15A（是以1937年首次发现它的那位天文学家来命名的），这一星系的中心有个黑洞，大约相当于太阳质量的400亿倍，是经历了与更小更弱的星系无数次的合并之后形成的。在你们天文学家发现的黑洞中，最重的一个质量比太阳大700亿倍，比萨吉大1.5万多倍。这个超大号怪物所在的星系距离我们超过100亿光年。由于这个星系极为遥远，天文学家甚至尚未为其命名，只给位于该星系中心的类星体⑧起了个名字（TON618），那个硕大无朋的黑洞为它耀眼的喷流提供了能量。我与这个星系素未谋面，但一想到在这么短暂的时间内，要形成这么一个不祥的黑洞，它必定干过怎样的好事，就连我也感到不寒而栗。（你们当中有些人还需要我再讲讲清楚，这么说吧，光传播的速度是有限的，所以，你们看到的星系仍是100亿年前的模样，那个时候，它的超大质量黑洞还年轻得惊人。）

萨吉或许并非宇宙中最大的黑洞，不过有时候，我还是觉得它会把我囫囵吞掉。人类经常会说，心中的悲伤如何“一点点吞噬着”他们，但对于星系而言，“吞噬”这个说法并不是比喻。

萨吉巨大的引力每年要鲸吞掉几十垓公吨的物质，相当于一年就要吞下10个地球！这个数量或许看似不多——又或者在你们眼里就太多了——但我已经存在了百十亿年，随着时间的推移，积土也可成山。它所吞噬的物质——气体、尘埃，甚至是我的某些恒星剥落的外层——并不仅仅是消失在黑洞中而已。不，物质会被撕裂、扭曲，直到变得连我也无法辨认。

你们的天文学家将这种拉伸和撕裂的过程称为“意大利面条化”。当然了，他们需要给它起个这么做作的小名，但我无法想象满肚子意大利面的样子，感觉就像发生在你肚子里的野蛮的酷刑场景。黑洞不仅具有极强的引力，也有着十分陡峭的引力梯度。换言之，当你远离黑洞时，引力的强度会迅速发生变化。物体与黑洞之间的距离够近时，它们就会体验到这种梯度带来的真切后果。物体最靠近黑洞这一头所受的引力比远端要大得多。哪怕是像你这么小的物体，头和脚之间的引力差也比将你聚合在一起的力要大。你，还有其他胆敢过分靠近这些怪物的东西，你们都会被拉长，变成意大利面，然后永远消失。

像我这样的星系需要气体才能生存下去。我们就是这样来制造恒星的，当气体耗尽，我们就拉开了终结的序幕。正因为如此，星系才总是在相互吞噬，因为宇宙中的气体只有这么多，现在大部分气体都被我们的恒星卷走了。像萨吉这样的黑洞可以吸收星系中的气体，或者利用它的引力和反馈风暴将气体抛到遥不可及之地。更恶劣的是，假如不加控制的话，超大质量黑洞还会吞噬过多的物质，形成吸积盘，达到一定的规模之后，就会开始让周围的气体温度升高，致使我们星系形成恒星的难度大大增加。

JO201（以下简称乔）的遭遇正是如此，这是位于阿贝尔85的一个巨型旋涡星系，是霍姆伯格15A的邻居之一。可悲的是，它中心那个超大质量黑洞破坏性的重量和负能量超出了乔所能承受的限度。黑洞窃取或加热了乔的大量气体，使其无法再产生更多的恒星。想来对乔而言，无所事事地任凭黑洞为所欲为简直是太轻松了。然而，大约10亿年前，为了摆脱黑洞的死亡掌控、启动恒星形成的过程，乔不惜最后一搏，开始向阿贝尔85的中心倾斜，速度比音速还要快，你们的科学家称之为“超音速”。阿贝尔85是个庞大的星系团，这里大约有500个星系。乔知道，以如此高速穿过这样一个大密度环境（当然没有黑洞的密度那么大，但相比于太空中没有压力的真空，仍然是很拥挤的），就会迫使其边缘附近的气体发生混合，形成新的恒星。这纵身一跃只能算是权宜之计，尤其是假如乔的黑洞仍在畅通无阻地增大。但乔是个足智多谋的坚强星系，所以我确信，它必定会找到与黑洞共存的办法。

在这次救命之旅中，这种迫使气体发生混合的压力——出于某种原因被称为“冲压力”——同样也会让巨大的气体卷须在乔身后飘拂，就像一件斗篷，正符合它的英雄形象。你们的科学家将乔和其他拖曳着尾巴的星系称为“水母星系”。我研究过地球上的水母，我承认，它们在外形上确有相似之处，但是，你们海里的水母对于存在的认知能力比人类还差，对于现在乔所经历的一切，我怀疑它们能否感同身受。

这一切并不是乔的过错，不过，并非所有的星系都像我这般仁慈，能够如此看待这件事。你们的天文学家说，星系失去气体的过程叫做“淬灭”。而我称之为窒息或饿死，甚至可以叫扼杀。无论怎么称呼，这都是个缓慢而痛苦的过程。这样的死亡提前许久便可以预判，因为大多数星系即使发现了它即将来临，也不知该如何阻止。

毋庸置疑，我不同于大多数星系。我发觉，哪怕我丝毫无法掌控萨吉的所作所为，但却可以控制我在萨吉周围的一切行动。正如你控制不了你周围的世界，但却可以控制自己作出的反应。只不过……在这种情况下，正好颠倒过来了。无论如何，我都无法降低萨吉的质量，或是让它的旋转放缓，但我可以尝试着引导我的恒星和气体离它远远的，借此来限制它的发展。而且，我还可以减缓它们的运行速度，这样它们就不会增加萨吉的角动量了。

对我来说，问题绝不在于我能否打败萨吉，而是在于我愿不愿意。

第十章　来世

倘若我没有背负着知识的重担，没有形形色色的才华种下的祸根，或许我就能做出乔没有做过的事，让自己相信，死亡会把我带到一片“乐土”。不过，唉——可惜来世获福的想法是一种太过人性化的慰藉，要依赖于信仰的力量，最终相当于是在承认，有超出理解范畴之外的力量在发挥作用。虽然有些事情我确实还不知道，可是，在我130亿年的生命中，我暂且还没有遇到过任何无法理解的事。

然而，当工作处于间歇期时，在那宁静的成千上万年间，萨米和大家都在忙着操心自己的事，我只能听到一个声音，就是萨吉嘲弄的低语，在那样的时候，我曾经梦想过一个在法则上有所不同的宇宙。我想象着一种不同的生活，没有那么多烦恼和责任，多了些跳舞的时光，无须野蛮地争抢，便有无穷无尽的清凉气体供我享用。这或许是我存在的下一个阶段吧，届时，我已经摆脱了目前这个阶段里最惨不忍睹的部分，却又记住了一路走来领悟到的所有教训。同样，你们人类似乎也已经对现实中诸多艰苦的不便之处进行了评估，在各个不同的方向上……想象着自己的下一步。

数十万年前，地球进化树上的人类这一支仍有几个幸存的分支[①]，当时，早期的人类物种曾经把死者埋葬在凹坑内、放置在深洞里，或是将遗体送入大海。现代的考古学家、人类学家，以及其他企图从化石证据中一点一滴地搜集古人意图的人，都还不能确定这样的做法是否与死后重生的信仰相悖。也有可能早期的人类明白，曝尸荒野会有怎样的危险，因为有威胁性的动物可能会来寻觅死尸。

随着时间的推移，你们的丧葬方式变得愈发讲究起来[②]。你们开始对死者说些特别的言辞，用某些仪式来处理他们的尸体，在他们的坟墓上留下标记，如此一来，你们以后重返此处时，这里就不再只是放置尸体的场所，而是一处永恒的安息之地。你们将实用和珍贵的物品与尸体一同埋葬，比如食物、衣服和宝石，并且形成了程式化的哀悼仪式。你们的祖先是从何时开始相信死后还有来生的，考古学家目前无法确定，但他们已经发现的陪葬品迹象至少可以追溯到10万年前。即便是那些古人也明白，死亡是离开此世的一个单向出口，所以，倘若不是因为相信在那扇门的另一边还有某种东西存在，他们为何要将这些有用之物与死者一起埋葬呢?

人类长久以来对来世的信仰可以起到几种作用。在尚未理解稍纵即逝的脆弱生命背后的科学原理时，这一信仰可以帮助你们对死亡作出合理的解释。对于痛失挚爱之人以及知道自己最终也会遭遇相同命运的人，它可以起到安慰作用。假如我的生命跟你们一样短暂，那么，我也会很乐意这么去想：我还有机会与最喜欢的星系和恒星重聚。最后，来生的概念还提供了一种有效的途径，让许多宗教及政治领袖得以强制施行社会规范。“乖乖听话，否则，你不朽的灵魂就要永远在地狱里受苦。”当然，并非所有的古人都相信灵魂不灭——大约5万年前，你们的大脑才发展出了足够的空间，在此之前，这种抽象的思维根本就没有在大范围内形成的可能性——而且，只有某些古人才相信地狱之类的东西，其中又只有一小部分人相信，灵魂会永远留在地狱里受苦。如果你不愿意因为细节而分心的话，那么在这里，我想说明的是，死后受到惩罚的威胁——或者与此相反，死后受到奖赏的许诺——会使得人类在有生之年遵守规则。因为我肩负着责任，要管理数以亿计的星星，所以我不得不说，我能理解那样的动力，甚至说不定还学会了一两招管理诀窍。

不过，你们的来世神话还起到了一个最重要的作用，很显然，就是引我开怀。有一种流行的说法认为，一旦到达天堂，便会获得受人颂扬的全新躯体，力量强大，永生不灭。我一直觉得好奇，假如不必操心让自己的身体保持完整，你们充斥着奇思妙想的人类脑瓜会想出什么样的恶作剧来？由于早期人类居住在分散的部落中，各自发展出了对死亡之门背后那个世界的不同演绎，所以，可供选择的来世可谓是五花八门！

关于尘世的肉身死后会发生些什么，古埃及人讲述过许多传说，甚至还写下了工序说明，以便让逝者的肉体和灵魂为那段旅程做好恰当的准备。你或许曾经听说过这本说明书的大名：《亡灵书》，不过实际上，这并不是一本标准化的书籍。许多家庭都有自己的版本，就像你们的家庭或许也各有各的烹饪食谱。他们在书里详细介绍的不是芝士通心粉的制作方法，而是如何让某人的灵魂和肉体为生命的下一个阶段做好准备。灵魂被祷词引向来世，肉身则变成木乃伊保存起来，木乃伊的制作是埃及人发明的一种艰苦过程，目的是防止腐烂——这是一种相当恶心的……有机体现象。肉身需要保存得完好无损，因为根据记载，在来生中，灵魂仍然需要一具肉身作为寓所。

一旦置身于所谓的冥界，死者就必须向判官团忏悔自己的罪行，让冥王奥西里斯为他们的心称重，天平的另一头是传说中的公正之羽。假如没有通过考验，他们的心就会被长着鳄鱼脑袋的荒诞怪兽吃掉，灵魂也就不复存在了。可是，如果通过了考验，他们在余下的日子里就可以永生不灭，在天空中翱翔，与太阳神拉一起飞过我这灿烂的天体；也可以与奥西里斯一起留在冥界；或者，就像传说中最常见的结局那样，他们可以待在芦苇地（有些现代人将这个词译为“蒲草地”），过着跟地球上相差无几的生活，但却拥有自己的土地，可能还会有许多仆从。我知道自己会选择在哪个地方度过无尽的时光，但我不是来责怪你享受人类的平凡之乐的。

希腊人大谈冥王哈得斯；在印度人讲述的故事里，他们的灵魂转世之后会重新投胎；挪威人期盼着以勇士的身份死去，这样他们就可以在英灵殿里畅饮，接受战斗的训练。在这些对命运的展望中，没有哪一种像要在群星之间度过来世的文化那样让我感动。

几乎没有哪个人类群体能像玛雅人那般，知道如何将我的注意力牢牢吸引住。他们不仅讲述了与我有关的传说，还将我融入了生活中几乎所有的方方面面：既包括城市的规划，好让庙宇和宫殿之类的神圣建筑与空中的天体对齐，也包括尊崇天文学家对天体运动的了解。但对我而言，他们的神话乃是最动人的致敬，在玛雅民族中，还有一个名为基切人的特殊族群，他们在传说中把我描绘成通向来世的道路。

他们的神话提到了西瓦尔巴——位于地底的下界，这里充斥着恶魔和危险的考验。人类有望偷偷溜过一个特殊的洞穴，从而活着来到西瓦尔巴，但是，最勇敢、最厉害的基切人来到西瓦尔巴的方式，则是与他们的太阳神奇尼奇·阿豪一样——每晚摇身一变，化作一只美洲虎，在地府里潜行。他是怎么到那里去的呢？当然是穿过我了！

你们祖先的光和雾霾严重污染了天空，遮蔽了我的面貌中某些最优美的地方，但是，9世纪的基切人却看见了一条黑暗的小径，贯穿了夜空中我那道明亮的光带。他们称其为“通向西瓦尔巴之路”。

基切人讲述了一个故事，过去这千年来一直萦绕在我心头，故事里讲的是一对双胞胎，分别叫做乌纳普和斯巴兰克。这对双胞胎应西瓦尔巴几位小贵族的邀请，到他们的地府球场里打球[3]，在那里，他俩遭遇了一场又一场的骗局。地府贵族们逼迫双胞胎用一个扎满了锋利尖刺的球，把他们锁在一间黑洞洞的房子里，里面到处都是会移动的刀子，甚至还想办法砍掉了乌纳普的头。然而，这对双胞胎想出了一个令人难忘的复杂计划，击败了西瓦尔巴的贵族。在这个计划中，他们听凭自己被杀，随即转世化作小男孩，进行了不可思议的表演，直到他们辨认不出本来面目的全新形体再次获邀，为西瓦尔巴的贵族表演节目。然后，他们利用出其不意的手段杀掉了这帮死神，将基切人民从被恶魔奴役的生活中解放出来。在这个故事的某些版本里，乌纳普和斯巴兰克化作了太阳和月亮。

基切人称这对双胞胎为英雄，在其他玛雅部落里也有类似的传说。不过我想，我们大家都知道，这个故事里真正的英雄究竟是谁。毕竟，倘若没有我的指引，乌纳普和斯巴兰克当初根本无法到达西瓦尔巴。

关于来世的神话差别巨大，却几乎都有一个共同点，那就是都在谴责那些主动进入下一阶段的人。这些故事会劝阻任何毁灭人类生命的行为，这一点是合乎逻辑的。但我已经说过，所谓的来世只是人类的愚蠢念头。对于像我这样以制造巨大的核聚变工厂为生的星系而言，烈焰和硫磺的威胁就没那么令人信服了，所以，我不得不说服自己，以传统的方式活下去。

百十亿年来，为了宝贵的生命，我一直克制着自己，生怕自己因萨吉的奚落而屈服，陷入绝望之中，再也没有回头路可走，我已经厌倦了这种挣扎。我见过太多的朋友在它们黑洞的压力下崩溃。不仅如此，我还丧失了太多的自我，浪费了太多宝贵的时间，去相信萨吉扭曲的谎言。

我想起来了，我是银河系啊，去他的吧！除了一个相当特别的旋涡星系之外，我就是本星系群中最大的星系了。当然，我曾经干过一些可怕的事，但那也是为了生存。我经常失败——我毫不怀疑自己还会再次失败的，会失败很多回——可是，这至少说明我曾经尝试过。我目睹我最无私的那些恒星走完了过于短暂的一生，然后发觉，我不想错过再活个上万亿年的机会，否则它们就白白牺牲了。

这些想法往往能赋予我所需要的力量，让我牵制住萨吉。

有时，我会出现差错，会忘记萨吉并不能定义作为星系的我究竟是谁。黑洞的活动突然加剧[4]，怀疑又再次悄悄爬上心头。当这种情况出现时——当我无法为了自身的安乐而抹去这些想法时——有一件事让我得以坚持下去。我还记得，有另一个星系在向我求援，它努力想打败自己的黑洞，为此正在向我呼救。好吧，这样的星系有几十亿个，但是，有那么一个星系，我关心它的程度比其他星系更甚无数倍：那就是仙女座。

第十一章　星座

自人类最早费心去观察宇宙的其他部分之时，你们对仙女座就已经有所了解了。公元900多年，波斯天文学家阿卜杜勒·拉赫曼·苏菲（Abd al-Rahman al-Sufi）写成了《恒星之书》（*Book of Fixed Stars*），书中将仙女座星系描述为几团状若星云的朦胧斑点之一。它明明是最完美的恒星集群，足以为这个宇宙增光添彩，竟然看起来沦落到了和球状星团相提并论的地步！不过看到现代天文学家对仙女座要尊重得多，我深感宽慰。他们给它起了许多名字：梅西叶31（或M31），NGC 224，IRAS 00400+4059，2MASXJ00424433+4116074……对于像仙女座这样瑰丽的星系，这些都算不上最恰如其分的诗意名字，不过，这些绰号本来就不是用来激发情感的，它们的作用是对相关信息进行编码：包括星系的位置，以及对其进行观测的望远镜或巡天项目。然而，“仙女座”这个名字来自一个古希腊神话，讲述了一位埃塞俄比亚公主的故事（Aethiopia，不是我们现在那个位于东非的埃塞俄比亚）①。我相信你一定会以为神话里不过是某种歌功颂德的恭维话。那我们就来瞧一瞧，你听了这个故事以后会做何感想。

安德洛美达公主有一对双亲（这是你们这个物种的惯例）：埃塞俄比亚国王克甫斯和王后卡西奥佩娅*。安德洛美达是个希腊名字，意思是“人类统治者”，所以我对这是否确实是某位真实存在的埃塞俄比亚公主的名字深表怀疑。但我们先不去理会这个疏忽，以及神话传说中其余所有的荒谬之处，就把它看作是于创作中的特许好了。

克甫斯和卡西奥佩娅都是心高气傲之人，对女儿抱有很高的期望，从他们取的这个名字来看，这么说还挺合理的。实际上，王后卡西奥佩娅逢人便夸口说，安德洛美达比以美貌闻名的海中仙女涅瑞伊得斯还要美丽。美得能让人倒吸一口凉气！

据神话所言，海神波塞冬被卡西奥佩娅的狂妄激怒了，于是便发动海潮，淹没了埃塞俄比亚的海岸线，还派了一只海怪来恐吓这个王国的人。我原本以为波塞冬作为负责地球上所有海洋和地震活动的神灵，会有更重要的事情去做，而不是为了点冒犯了他主观审美愉悦就去这样惩罚这样一个人。然而在企

---

* 仙女座与安德洛美达同名，仙王座与克甫斯同名，仙后座则与卡西奥佩娅同名。——译注

图想象不朽神灵内心的阴谋诡计时，凡人的想法便是如此。国王克甫斯长途跋涉，穿过沙漠，向古埃及太阳神阿蒙的先知请教，要如何才能替他的王国除去肆虐的海怪刻托。先知告诉克甫斯，若要阻止这场大屠杀，唯一的办法就是把安德洛美达作为祭品，献给这个怪物。我原本已经以为你们人类本能上是爱子女的，而克甫斯的行动却彻底违背了这样的本能，他居然同意了！他回到埃塞俄比亚，把女儿锁在了海边的一块岩石上。我虽然诞育了不计其数的星星，但也决不会如此冷酷无情地对待它们。

别担心，安德洛美达公主的故事没有就此结束，神话的结局并没有她的什么功劳。在斩杀了蛇发女怪美杜莎（这又是一个被波塞冬亏待过的女人[2]）之后，英雄珀尔修斯穿着赫耳墨斯的带翼飞鞋，高高翱翔于天际，恰巧偶遇了被锁在那块小石头上的安德洛美达，并且疯狂地爱上了她。难道对你们哺乳动物来说，这种程度故事就足够精彩了吗？

但就这个故事来看，你们显然也就这点追求了。因为珀尔修斯与国王克甫斯达成了协议，只要他能杀死刻托，便可娶安德洛美达为妻。当然，他做到了，因为假如他会被一个普通的海怪打败，那也没有资格被称为英雄了。于是他便顺理成章地与公主喜结连理。

安德洛美达和珀尔修斯以君主的身份度过了余生，生了一大群杂七杂八的孩子，他们的后裔有不少都令人钦佩，其中就包括大力神（也就是赫拉克勒斯）我相信你肯定听说过他的鼎鼎大名。安德洛美达从昔日的公主变成了女王，在她死后，女神雅典娜将她升到天空中，化为了仙女座星座。

假如你像我这般了解仙女座星系，就会明白，那位公主和仙女座星系之间并没有多少相似之处。虽然二者都具备绝世之美（我倒没觉得人形有多悦目，所以我只好相信卡西奥佩娅的话是真的），但也就仅此而已了。但在决定自身的命运时，安德洛美达公主表现得软弱且被动，而仙女座星系则毫不顾忌地将自己的意志施加于一切力所能及的事物之上。

幸好严格地说，仙女座星系并没有借用安德洛美达公主的名字，而是以仙女座星座来命名的，而仙女座星座又是以仙女座星群来命名的，而根据传说，仙女座星群是安德洛美达公主的灵魂在天上的化身，所以……我们绕完了一整圈，又转回来了，也就是说，我们应该继续往下讲了。

如果你想目睹仙女座星座，以及被包裹在里面的一个星系上演的烟雾秀，那就需要站在你们星球上正确的位置。这应该不会太难——尽管地球表面大部分区域都被水所覆盖，而你们一直没有学会在水面站立上（不过，我倒是听过一些传言，据说至少有一个人能在水面上行走*）。如果在8月到2月之间，你

* 指耶稣曾在加利利湖的湖面上行走。——译注

的位置在北纬40度左右，那么到了夜间，仙女座就会从你头顶上空掠过。傍晚或者清晨也有可能，但这取决于具体日期。要找到仙女座，你可以从仙后座星群出发，或者从你们天文学家命名为壁宿二的那颗恒星出发，这颗恒星位于飞马座大四边形。要么你也可以借助手机，从众多应用程序中挑选一个来给你指路。

人类天文学家利用星座，将你们的天球划分成了不同的区域，各个区域之间有着清晰的边界，这样一来，他们描述天体在天空中的位置时就会更加轻松。他们所谓的星座跟你心目中的不同，因为你在用我灿烂的群星玩连线游戏时，会连成一些美丽的图形，你或许会以为这就是星座。而你们的天文学家却将其称为星群，他们当中有些人对这两个术语之间的区别有着不可理喻的执念。

关于哪个算是星座、哪个不算星座，那个讨厌的国际天文学联合会或许有权作出定论，但他们肯定不是第一个说起星座的人。生活在公元2世纪的希腊天文学家克罗狄斯·托勒密（Claudius Ptolemy）在一本名为《天文学大成》（*The Almagest*）的书中写到了大约48个星座。其中包括分布在黄道带（或者说一年间太阳在天空中穿行的轨迹）上的12个黄道星座、北方的21个星座（包括仙女座），以及南方的15个星座。这些星群并非托勒密本人编撰出来的。就像他民族后代的众多同胞兄弟那样，他靠的是抄袭更有智慧的天文学家。这些图形借用的是埃及、巴比伦和亚述的天文学家的研究成果，不过，在时间和空间上，不同星座的恒星确切的轮廓和分配方式都有所不同。与其他族群一样，希腊人也将自己的传说附会于这些图形之上。可是，就像你们这个时代的同胞一样，希腊人在传播……呃，“他们的”神话更为成功！所以别再胡思乱想了！

千百年来，中国古代天文学家也发展出了自己的星座体系，且并未受到希腊或欧洲的影响。随着时间的推移，星群的准确数量有所变化，而且不同的天文学家也有不同的说法，但大多数人都一致认为，中国的天空中有几百个星群。16世纪以后，中国的天文学家查阅了欧洲的星图，第一次见到了深邃的南天是怎样的面目，于是又添加了几十个星群。

在星群的数量上，他们或许看法不一，但在天空划分为几个部分上，中国古代天文学家的意见却是一致的。他们在北天极周围把天空分成三垣：一是全年可见的紫微垣；二是春季在北方可见的太微垣；三是秋季可见的天市垣。他们还沿着黄道将天空划分为二十八宿（之所以得名为“宿”，是因为你们那颗卫星在绕着行星运行的时候，似乎会在这些不同的区域内分别“住宿”一天）。二十八宿中，每七宿以四象之一做象征：即东方青龙，北方玄武，西方白虎，南方朱雀。

在国际天文学联合会定义的仙女座星座中，那些恒星并不属于任何一个中国星群，而是跨越了北方玄武与西方白虎之间的界限*。

由于我的银道面与太阳系的盘面之间存在60度的夹角，导致地球的南半球朝我的一条旋臂方向倾斜，所以，位于你们南半球的印加人能最清晰地看到我最美的面貌。

他们既能看见我灿烂的恒星，也能看见我令人赞叹的气体云（遗憾的是，在他们看不到红外光的小眼睛里，气体云与黑暗相差无几），所以他们构想出了两种星座：亮星座和暗星座。亮星群勾画的是没有生命的存在，多数都是动物，但它们仍在注视着地球上的同类。然而，暗星座（比如美洲驼雅卡纳和大毒蛇马赫阿奎伊）据说却是活物，我的旋臂投射在你们的天空中，形成了一条天河，它们就饮用着这条天河之水。

与雅卡纳和马赫阿奎伊不同，每年总有一段时间，人人都可以看见仙女座星座，以及其中闪闪发光的星系。你们应该感谢你们身处的这颗蓝色幸运星。并不是我体内的每一颗星球都有这般幸运，可以将仙女座一览无遗。几十亿年后的生命形式或许会知道，仙女座就是你们的“继星系”。

---

* 仙女座星群横跨壁宿、奎宿和天大将军。——译注

第十二章　迷恋

我第一次注意到仙女座是在宇宙的早期，当时，大爆炸才刚过去了几亿年，星系的数量比现在多得多，全都挤在相当于现今的宇宙千分之一左右的空间里，还有的是地方让我们自行开发。宇宙的膨胀大部分发生在充分降温之前，当时的温度还不够低，连原子尚且无法形成，更不必说恒星和星系了。那时候，我们多数星系都比现在要小得多，直至后来经历了成千上万次的合并，留存下来的星系才达到了现在的规模——但我们仍然聚集在一起，最终形成了小星系群。

你们的天文学家把这种合并归因于引力，这未必就不对。星系利用引力的方式跟你利用肌肉的方式差不多：都是用来移动物体。然而那个时候，我们之所以聚在一起，最根本的原因却很简单，只不过是想要靠近彼此罢了。我们想聊聊天、交换点东西、打一架，还想……干些别的事，你听了很可能会脸红的。血液突然涌到脸上来的感觉肯定很不舒服吧？所以，我就不跟你说那些细节了，只要这么说就行：就像你们人类头一回去上大学时那样，我们还没有做好完全自立的准备，却已经预备好了某种堕落的实验。

人类会举行各种规模的聚集活动。即使那些尚未定型的性格形成期已经过去，哪怕周围有的是地方、完全可以各自分散，但在派对以及其他社会活动中，你们仍旧会簇拥在一起，而且，人类还聚居在全球各地的城市中。虽然我责怪市中心窃取了你们的注意力，让你们不再关注我，但是，作为以自己体内的闪耀之物为荣的星系，我无法否认，夜晚遥遥望去，它们确实具有某种美感。

于是，我们聚集在了一起，当时我们尚且不知，这最终会变成“本星系群”。而且，在某种机缘巧合之下，仙女座碰巧也在这里，这幸运的偶然几乎足以让我相信命运。

如今，你们的天文学家在观察仙女座时，看见的是本星系群中一个标准的棒旋星系，目前的距离略小于800kpc。仙女座星系的发光体直径约为70kpc，也就是22万光年，约有我的两倍大，亮度略高于我（我说的是在所有波长范围内，但你关心的大概只有一个狭窄的范围，也就是你们简陋的人眼能感知到的电磁波谱）。

人类天文学家有一个系统，用来量化天体的亮度，这个系统创建于2000多年前，是一位名叫希帕恰斯的希腊数学家的构想。他把夜空中看得见的星星按照亮度加以排列，将它们分为6个星等。其中某些最明亮的星体你很可能听说过，人类将其称为天狼星、织女星、参宿七、参宿四。然而，希帕恰斯必定是个淘气的人，很有幽默感，或者对“更亮”这个概念的理解相当混乱，因为这个体系是颠倒的！最明亮的恒星被划为“一等”，最暗淡的恒星却偏偏称为“六等”。现代天文学家为了因循惯例（这似乎是人类常见的愚蠢之举），决定继续沿用希帕恰斯的胡说八道，但是，他们不得不增加更多的星等级别，因为原本有数十亿颗恒星过于暗淡，人眼是看不见的，自从发明了望远镜，这些恒星就变得可见了，而且他们还发现了比天狼星亮度更高的恒星，它们之所以看起来暗淡，仅仅是由于距离太过遥远。

大多数现代天文学家都以织女星作为参照点，将其定为0等。这个锚定点选得相当令人佩服。织女星的亮度足以让随便什么人都看得见，大约再过1.3万千年，你们行星的自转轴会发生摆动，直到地轴指向织女星，而非北极星。若要将星等放大或缩小一等，请将织女星的亮度除以或乘以2.5。所以，一等星和六等星的亮度差是2.5^5，或者说100左右。这么做是为了保持希帕恰斯星等的相对亮度不变，因为人眼能看到的最暗恒星要比最亮恒星暗100倍左右。

根据这个荒唐的系统，仙女座星系的目视星等在3.4等左右。也就是说，仙女座够大，也达到了足够的亮度，只要知道如何寻找，就连你也可以瞥见它的芳踪。

关于仙女座与我相比，谁的质量更大，你们的天文学家一直犹豫不决。按照他们所作的测量，仙女座的质量范围在0.7万亿到2.5万亿太阳质量之间，但最新的估测更有利于较小的质量范围。一段时期内，在你们天文学家的眼中，这让仙女座星系和我在引力上更显势均力敌，直到最近，人类重新对我的质量进行了测量，得出的数值高出了他们的预期。盖亚项目测量了我的恒星运动的数据，在对数据进行分析之后，他们认为，我的质量更接近于太阳质量的1.5万亿倍。

他们当然可以不断地对质量的测算加以改进，不过这一次，我并不在乎谁的质量更大。只有当你的目标是要征服遇到的每一个星系时，计较谁的质量更大才有意义，而对于仙女座星系，我没有支配或控制的欲望。何况，质量只是等式中的一部分而已。我的质量或许更大，但仙女座星系的恒星数量相当于我的两倍，大约有1万亿颗，而我只有几千亿颗而已。

最早让我爱上仙女座的原因之一，正是这种对于生命和造星活动的热忱，但是，你可别被这种表面上的生产能力给欺骗了。在这个迷人的相邻星系中心，仍然栖居着一个煞风景的家伙，它贪得无厌，又具有破坏性。仙女座星系中的超大质量黑洞比我那个黑洞要大得多，大概相当于太阳质量的5000万倍。我自认为是很幸运的，因为仙女座对我有着充分的信任，与我共享着引发这些斗争的根源。那些不是我要分享的故事，但我想说的是：有时候，那些看似最强大、最快乐的星系，恰恰是那些受伤最深的星系。

百亿年前，从我们交错的那一瞥开始，我就知道，那时的仙女座星系尽管比现在小得多，也暗淡得多，却很特别。谈到星系，我不会说自己有什么喜欢的类型——旋涡星系和椭圆星系的美丽各有千秋，棒状星系增添了某种美妙的无序结构——不过，对于具备一定质量的星系，我始终感到难以抗拒。我说的不仅是仙女座星系收集到的令人赞叹的暗物质晕轮，不过，这无疑也表明，总有一天，这个星系会成为一股不可忽视的强大力量，若说我对这样确凿的征兆不感兴趣，那就是违心之言。吸引我注意力的不仅是仙女座的外表。

仙女座从星系群中穿过，展现出一种活力与信心，仿佛在说："对，我在这里，这一点我想要你们大家都知道，但我不在乎你们如何处理这一信息，因为我谁也用不着！"我正是被它的这种姿态所吸引的。这样的泰然自若似乎自有其引力。仙女座星系毫无保留地以其他星系为食，姿态自然，毫不做作，令我爱慕。直至今日，当仙女座星系制服某一个较小的星系时，这个过程似乎也没有表现出激烈的暴力。给人留下的印象，倒毋宁说是其他星系就这么把自己献给了仙女座："请拿走我的一切吧，因为在你的面前，我不配存在。"

真是令人怜悯啊。

却又觉得可以理解。

当然了，在本星系群里，注意到这个在我们之间穿行的壮丽星系的并非只有我。我只是最有耐心的那一个罢了。要知道，其他那些星系决定——如今你们人类是怎么说的来着？——立马下手。那些最自以为是的家伙在向它靠近时，还只是一缕缕稀薄的气体，里面点缀着一些恒星，仿佛只要有某个星系表现出一丁点儿兴趣，仙女座就会迫不及待地接纳它似的。总之，我并不是说仙女座很浅薄，但一个星系非得有自己的标准不可！仙女座的标准太高了，假如某个吹牛大王没有发现或展示自己的潜在实力，它就绝不可能勉强接受对方。万一它最终呈现出椭圆形呢？对于完全具有三轴势的星系来说[①]，仙女座星系过于年轻了。

我知道，要想激起仙女座的兴趣，我就必须有所表现，所以，我选择了能找到的对手当中最强悍的一个，跟它干了一仗。盖亚-恩克拉多斯的质量相当于太阳质量的500亿倍，是邻近空间里最大的矮星系之一，巴不得大家都认识它。盖亚-恩克拉多斯在本星系群里到处乱窜，恐吓所有挡路的星系，要跟它们打架、将它们吞噬，侮辱它们的速度色散，还极力夸大自身引力的影响。说实在的，跟盖恩一比，连小三看起来简直都像最和谐星系了。必须阻止它，而我就是最合适的星系。

我在这场战斗中大获全胜，这是意料之中的事，而且事后，我也懒得再去追踪盖亚-恩克拉多斯，然而，人类天文学家没有机会亲眼看见这场声势浩大的碰撞，根据盖恩散落在我体内各处的残留物，他们拼凑出了这个故事。盖恩的多数恒星、气体和暗物质都分散到了基本无法追踪的地步，但是，还有一些球状星团在银晕中绕轨道运行，坚定地信守着与盖恩以及彼此的承诺。

像我这样的成熟星系，体内都携带着经历大量合并之后残留下来的球状星团，也有一些球状星团是由我们自身的气体形成的，所以，天文学家首先必须确定，其中哪一些是源于盖亚-恩克拉多斯的。

为此，他们研究了星团中恒星的年龄和金属丰度，以及单个星团作为整体的动力学问题。这样间接的研究方式相当巧妙。盖亚-恩克拉多斯的球状星团——嗯，现在已经是我的了，从几十亿年前开始就一直属于我——已经很古老了，金属含量很低，携带的动能过多，不可能起源于我的体内。

但是，为了避免我们忘记这场战斗原本的目的，我不妨这么说吧，我满怀希望（却绝非孤注一掷！）要吸引注意的策略确实奏效了。我听萨米说——萨米是通过凤凰座从天炉座那里听来的，然后它又是从双鱼座那里听来的，一路可以回溯到飞马座——对于与盖亚–恩克拉多斯的这场遭遇，我的处理方式给仙女座留下了深刻的印象，它很有兴趣了解一下，是什么样的星系为邻近空间除去了这么个不可救药的恶霸。

知道了仙女座愿意接受我的追求，采取行动的时机就到了。但是，很长一段时间以来，我一直在观察各个星系如何向仙女座投怀送抱，我绝不能草率行事。倘若经过充分的等待，让浪漫的果实得以成熟，果实的滋味就会更加甜美，所以，我便用传统的方式向仙女座传递了一条信息：当然是飞星传信了。

人类观察星星移动的历史可以追溯到成千上万年前，对你们而言，这已经是很长一段时间了，但在其中的大部分时期，你们仅有的工具不过是凝胶似的眼珠，而肉眼是弱小无力的，你们视野中最远的恒星相隔也只有小得可怜的一千秒差距，名为仙后座超新星——不要跟同名的仙后座星座混淆了。与跟老仙后同名的那颗恒星相比，为我充当信使的星星所在的地方要遥远得多，所以，一直到最近几十年左右，你们的天文学家才具备了这样的能力，隔着十分遥远的距离，系统地记录下足够数量的恒星所在的位置和3D速度，从而注意到了我发出的星星公报。不过，他们肯定不知道，我是在用那些星星向另一个星系鸿雁传情。

这些信使星移动的速度必须达到相当的水平，才能摆脱我引力的束缚，到达银河系外的收信方。实际上，它们的速度极快，以至于人类天文学家将其称作“超高速恒星”。然而，为了传递信息，超高速恒星无须长途跋涉到另一个星系；只要这颗恒星离开了发送信息的星系，收信方应该就能破译它所传递的内容。

2005年，你们的天文学家发现了第一颗超高速恒星，并将其命名为SDSS J090745.0+024507，真是个可爱的昵称哪。从我的静止视角来看[②]，它的移动速度略高于700千米/秒，这远远高于我的逃逸速度，也就是大约550千米/秒。自从发现第一颗超高速恒星之后，天文学家又陆续发现了几十颗，另外还有1000颗左右的“高速”恒星，它们尚未达到逃逸速度，但移动速度仍然显著高于银盘上的其他恒星。那些是我从未寄出的草稿，因为只要不是手头最好的东西，我就绝不能分享给仙女座。

起初，人类天文学家以为，只有在得到黑洞巨大引力的助推时，恒星才能达到这样的高速——其中有些恒星已经达到了光速的若干分之一，速度相当可观。倘若他们肯费点心思去了解我，去了解真实的那个我，哪怕只是一丁点，那应该就会明白，我才不会用那个怪物来寄情书呢。但是，2014年，天文学家发现了一颗名为LAMOST-HVS1的信使星，它从银盘上的一个点出发，坚定地飞速离去，离萨吉非常遥远，于是他们也觉察到了这一点。我一般是利用大质量双星的引力来发送信件的，不过，凡是能量充足的动力系统都可以借用。

并非我所有的超高速恒星都是去往仙女座传信的。其中有一些恒星（如SDSS J090745.0+024507）携带的是与其他星系的正式通信，信息的内容过于乏味，在这里就不复述了，但这些信关系重大，所以我还是想以书面的形式送出。还有一些是每当另一个星系自我感觉取得了某种成就时，我责无旁贷要发出的贺信，比方说，当狮子座矮星系造出了第一百万颗恒星的时候。另有少数几份是我发给拉里的恶作剧。毫无疑问，你已经领教了我无可挑剔的幽默感，所以，我在邻近空间里有那么点爱开玩笑的名声，也就不足为奇了。

我知道，我寄给仙女座的第一封星信将为我们的整段关系奠定基调，即使是在当时，我也希望这段关系能长长久久。这封信必须写得机智而甜蜜——但又不会甜得发腻——还要直截了当，因为仙女座对浪费它时间的那些星系可没什么耐心。我花了几千年的时间精心书写，把信装进我能造出的最整洁的F型恒星里，然后等待着……

等啊等……

等了1亿年，我才等到回应。我知道，在宇宙时间这样宏大的框架里，1亿年并不算特别漫长，不过，即便是人类也认识到了，等待就如同黑洞，一旦有谁不幸落入它的魔爪，时间就会受到弯曲和拉伸。我尝试着把精力投入到工作中去，借此来分散注意力，然而，只要稍加留意便可发觉，我的注意力显然没放在手头的工作上。我造出了无数的棕矮星……

不过，仙女座最终还是回信了，感谢宇宙！我不会透露我们私人通信的细节——绅士星系绝不会干出这样的事——但自此以后，我们一直在相互传信，彼此之间也渐行渐近。

最近，在过去这几百万年左右，我们的晕轮开始有所接触。不是我们的恒星晕。不，我们还没有那么亲密，但环星系晕出现了几个令人兴奋的重叠点。当我的大质量恒星在强烈的超新星爆发中死亡时，它们会将气体和尘埃推离。其中的某些物质——再加上萨吉为了阻止我轻易形成恒星，从我的中心抛出的一小部分物质——在我周围聚集成了一个巨大的云团。这个云团又大又厚，有些地方密度高，有些地方密度低，其中大部分在恒星的辐射下温度有所升高，因为恒星在孜孜不倦地工作。

仙女座也有一个这样的晕轮，我们的两个晕轮朝着四面八方探出，延伸了超过100万光年的距离，足以发生重叠了。就像你第一次与某人发生接触之前那短暂的撩人时刻，你们只是共同呼吸着同样的空气，未来充满了各种可能性。我可以永远沐浴在这种感觉的光辉中——注意，这不是真正的光，因为星系际介质中的气体温度是很低的。或者至少沐浴上几十亿年，对你而言，这跟永远基本没什么不同。

但我也不能说，我与仙女座的关系就没有遇到过任何小问题。有时候，我很想开开玩笑，说我觉得自己正在追求一个叫做“嫌女座”的麻烦星系，但我觉得这个笑话应该得不到什么好评。大部分的焦虑来自于仙女座与别的星系约会，我努力让自己不去理会，却无法做到视而不见。这并不是说我嫌恶仙女座与其他星系互动，甚至与其中某些星系发生合并——某个星系为了生存所做的一切，我有什么资格去评判呢？——可是，看到你所爱的星系跟别的星系纠缠在一起，这绝不是一件愉快的事。

第一次重大合并发生在百十亿年前，当时仙女座还很年轻，正在积极成长。很自然，那段关系维持的时间很短暂。即便早在那个时候，仙女座星系也在努力寻找一个旗鼓相当的对象，能在像星系碰撞这样动荡的过程中坚持自我。仙女座从这段经历中获得了成长（就是字面上的那个意思），但仍然并不满足。现在，关于这次短暂的相遇，唯一能找到的证据只有围绕仙女座外层晕轮运行的一小群球状星团。自称星系考古学家的人类天文学家研究过这些球状星团的运动，并且能够判断出它们是由很久以前的合并产生的结果，因为只有在经过几个轨道周期的四散分离之后，它们目前的分布方式才有可能实现。而围绕着像仙女座和我这样的整个星系运行，轨道周期可能需要长达数亿年的时间。

也许是在40亿年前吧，我可没数过日子，小三对仙女座星系发动了攻势。我其实不确定是谁先主动的，但我很难想象会是仙女座。毕竟，当时我们还在互发一些相当暧昧的信息。但是，小三和仙女座确实曾经有过一次近距离相遇——倒从来没有进展成真正的合并——触发了双方快速形成恒星。

你或许料想着，我会为这样一场小小的约会而吃醋吧。你居然以为我不会为仙女座的幸福而欢欣鼓舞，这纯属人类才有的想法。虽然我承认，在这次邂逅之后，小三的恒星形成率比仙女座高出了10倍左右，这让我略感欣慰。显然，对于这次相互作用，一个星系比另一个要受用得多。小三的表现并不令人满意，我对此一点也不觉得惊讶。

后来，大约20亿年前，仙女座发生了一次重大的合并，或者说，至少比仙女座之前与其他星系的邂逅更引人注目。这个星系必定有什么地方做得很正确，因为在碰撞之后，仙女座星系以有史以来最快的速度制造出了大量的恒星。在仙女座所有的恒星中，有将近1/5都是在这次结合的余辉中诞生的。但即使是从本星系群的另一头望去，我也能看出，这只是一场昙花一现的露水姻缘。在尺寸和能量方面，另一个星系固然比之前的其他星系更接近仙女座——大约相当于仙女座星系质量的1/4——但仍然不够接近。恰如我所料，几百万年后，仙女座仍然处在径直向我奔赴而来的道路上，而那个星系则只残留下了原来的一个小小核心，降级到了卫星星系的位置，余下的时光注定要围绕着将它吞下去又吐出来的前任旋转。

你们当中的某些人可能会认为，这个迹象表明仙女座冷酷而淡漠；而我则将此视为仙女座沉着坚定的标志。何况，星系也是喜欢玩乐嬉戏的。

人类天文学家从未屈尊给这个擅闯的星系取过名字，但他们管遗留下来的这个可怜的小核心叫M32。

在这一切发生之际，我从未受到过嫉妒的折磨，这要归功于：一、我超凡的智力和情感成熟度；二、我理解人类天文学家所说的“小合并”与“大合并”之间的区别。

小合并发生在两个质量、能量或责任不等的星系之间。小合并比大合并更为常见，引发的后果也没有那样重大，不过，在我们星系漫长的生命周期中，大部分成长和恒星的形成都是在小合并的刺激下加速发生的。我所经历的那些小合并——以及我在历次小合并之间所作的内省——让我成为了现今这副模样。我可以确信，仙女座也有相同的感受。但重要的是要认识到小合并的本质：转瞬即逝。只有傻瓜才会指望自然界里这样实力悬殊的情况永远持续下去。

另一方面，大合并则是星系之间真正的伴侣关系，它会永久地改变这两个或多个星系，因为某些星系更安于多伴侣关系，而这种改变的方式很难精确地加以预测。多数大合并牵涉到的星系之间共享的仅有发自本能的引力纽带。实际上，按照你们天文学家的描述，大合并仅限于两个质量接近的星系之间的碰撞。这样定量的描述真是冷酷啊。他们完全忽略了合并的质量，而这不仅取决于引力。

别误会我的意思，仙女座和我之间也有不小的引力。我们的引力纽带吸引着我们朝对方而去，速度约为100千米/秒。我相信，这个速度你听起来一定觉得很快，但对我而言，却慢得令我难受。仿佛我正看着一部人类电影里的自己，恋爱中的二人以慢动作向对方奔去，而我只想放声大叫："快点儿啊！你们这是在浪费时间！"

仙女座和我相距越近，各自所受的引力就会变得越强，我们会"冲动"地向对方靠近[3]，因为我们知道，离最终相遇又近了一大步。

然而，让我们汇聚到一起的不仅是相近的质量而已。百亿年来，仙女座和我一直在建立和巩固彼此之间的联系。尽管每一条信息我都很珍惜，但我已经记不清我们来来回回给对方发过多少条星信了。随着时光的流逝，这些信息慢慢变得更加亲昵，更多地袒露了内在的自我——我们的恐惧、希冀和琐碎的委屈。我们透露了助长黑洞坐大的愧疚和不安全感，帮助彼此疗愈那些旧伤。黑洞依旧存在，可是如今，忽略它们变得更容易了。

可以说，这段始于迷恋的佳话在星系间广为流传，此后绽放成了深沉的爱恋，以及相互的尊重。不过，我们还得等待四五十亿年才能相遇。到那个时候，假如还有人类幸存的话，他们就能更清晰地亲眼看见仙女座的灿烂光辉，因为一旦距离够近，那美丽的旋涡星系就会横跨你们的半边天。

真正交汇的时候，我们不会就这么发生碰撞、黏到一起。我们首先会互相试探，看看面对面的那份吸引是否与通信时的感觉一致。你第一次在现实生活中跟网友见面，不会立刻就要跟对方结婚吧？其实这个问题你还是别回答了。何况，一下子就黏到一起根本不符合星系运动的方式。我们会沿着轨道移动，围绕着对方跳舞。所以，在最初的那次碰撞之后，仙女座和我会穿过彼此——很可能还不止一次，距离一次比一次更近——然后再拐个弯，回到彼此清凉的怀抱中。

天文学家曾经尝试着在高级计算机程序中模拟这种“舞蹈”。根据他们的模拟，这次合并需要大约60亿年的时间才能完成——你们当中有些人竟敢厚颜无耻地抱怨说，你们的结婚典礼拖的时间太长了！这样的混乱场面，再加上我们的气体发生的混合，会引发一段快速而激烈的恒星形成期。某些恒星会被抛射出去，但这只是我们在向各自最亲的星系发送彼此结合为一体的公告而已（还有某些自鸣得意的面孔，我们真想把这个好消息拍到那些脸上，用力地蹭几下）。在这一切结束之后，我们就会成为一个新的星系！其实是个椭圆星系。

我们必须学会如何在新的身体里共同行动。所有星系都在不停地运动，以免在自身重量的作用下坍塌，但椭圆星系的运动方式与旋涡星系不同。你们的天文学家会说，星系运动产生的动能必须与它的引力势能相等。而像仙女座和我这样的旋涡星系更喜欢让自身的运动保持着有序状态，多数恒星和气体都沿着圆形轨道运行，而椭圆星系则是由随机运动支撑的。一旦你把自己的生活和事务与他人融合在一起，日子就很难再像从前那样井井有条了。

我们俩的黑洞也必须学会彼此共存，无论是其中的哪一个家伙，最初都不会喜欢这种新的局面。但是，经过几十亿年的相互环绕，虹吸周围恒星和气体的能量——包括负能量和动能——它们就会发觉，团伙作案可以更好地折磨仙女座和我。它们会朝着彼此的方向旋转，碰撞会发出引力波，让时空扭曲的程度超过200万光年。就像一个黑洞把难题抛给别人，然后让自己成为了一大奇观。你们的天文学家从未见过两个正处于碰撞期最后阶段的黑洞，但却探测到了黑洞合并后产生的涟漪。黑洞相遇时，在近乎没有摩擦的最后一个秒差距中，这些怪物是如何挥霍掉最后的能量的，天文学家尚不确定，他们将这个谜团颇为贴切地称为“最终秒差距问题”。

别搞错了，萨吉和它的新朋友终归会合并的；这只是个时间问题。不过，只要在余下的时光里，我和仙女座能用故事和舞步来分散彼此的注意力，我倒不担心它们会带来多大的麻烦。仙女座一直想要个可以共舞的舞伴。

显然，你们人类愚蠢的媒体经常给恋爱中的名流起什么情侣名，我很乐意纵容你们这么干。假如根据有史以来被提及的次数来判断，那在人类已知的范围内，我肯定是最大的名流了，所以，仙女座和我当然也会有个情侣名：银女座。听着还不错，对吧？

你们的天文学家相当关注我与仙女座的关系。我曾经观察过许多人类天文学家接受训练——不是主动观察，我只是关注的范围很广泛而已。既然你们已经知道，我们即将在某个时候发生碰撞，那么，初出茅庐的人类天文学家有一种常见的练习，就是估算仙女座和我要经过多长时间才会相遇。我很乐意相信，早早接触到我们史诗般的浪漫故事，在这些年轻人易受影响的心灵和头脑中，便可以培养出对星系的同情，这是很有必要的。

你们还要求实习天文学家进行估算，在仙女座和我交汇之时，会有多少颗恒星相撞。真是个只有人类才会提出的问题啊！只有对宇宙的看法极其狭隘的人、对宏观尺度的生命完全陌生的人，才会去琢磨这样的事。对人类而言，真正将所有必要的因素都考虑进去是很困难的（例如，我们各自恒星的空间分布状况、我们靠近彼此的角度，还有来自其他星系的引力影响，比方说小三，它很可能会粗暴地企图阻拦仙女座），但通过一些简化的假设，你们就会发现，最终会相撞的大概只有少数恒星。我不知道你们大家为何这么担心。等到仙女座和我合并的时候，你们星球可能早就消亡了。

嗯，我们所认识的人类就要完蛋了，而我和仙女座的生活才刚刚开始，难道这不是件趣事吗？没有冒犯的意思，但我有点兴奋呢！有所期盼的感觉可真好啊。

第十三章　死亡

我写这本书是为了跟你们分享自己的故事，本星系——我——兢兢业业地工作，好将一层星毯蒙在你们头顶上，作为新一代地球人，但愿你们对我银河系能表现出更深的尊重。我不知道你擅不擅长理解上下文，所以，我要提醒你一下，我们已经讲完了过去是怎么回事的部分，现在这部分说的是在我的预料之中，未来或许会如何。那么，我可以确定无疑地告诉你的最后一件事就是：

我总有一天会死去。

我知道，这话你听了或许会大吃一惊。没有我的宇宙是难以想象的，对你而言，竟有一股力量强大到足以消灭像我这样一个有力、坚韧、迷人、谦逊的星系，这种事也几乎无法想象。倘若连萨吉都打败不了我，那还有什么能击倒我呢？但我可以向你保证，我来日无多了——只不过谢天谢地，跟你们比起来，我的日子还是要多出无数倍。

人啊，你有多少次想到过自己迫在眉睫的死亡？你有多少次想到过，总有一天，不管你如何拼命抗拒，维持你身体运转的那些生物小机器终归会失灵，你的肉体会腐烂到十分严重的地步，只有最聪慧的科学家才能辨识出你的残躯？而且前提是，你既不会被焚烧成灰烬，也不会被发射到太空中，或者被你们星球上那些迷人的捕食者嚼碎并吞噬。你身后的人很可能会不遗余力地纪念你，毋庸置疑，这样的事实必定会令你感到些许安慰。哦，为了庆祝你短暂的美好人生而举办的派对！你想象过为自己未来的尸体举行的派对吗？不好意思，我是说你的葬礼？萨米跟我说，对你们人类而言，死亡是个敏感的话题。我在描写你不可避免的死亡时，采用的手法是否得体呢？

以前，我一直在考虑死亡的事。我说的并非不够体面的分解，而是在更宽泛意义上的毁灭，是把某物的存在与最终消失分隔开来的那些时刻，可以只持续几秒钟，也可以历经成千上万年。现在我考虑得少些了，即便是在思考死亡的时候，我想象中的死亡也存在于遥远的未来，我并不惧怕它。

我为何要怕呢？

你们人类害怕死亡是有道理的。告别了你最喜爱的活动，离开了你心爱的人们，冒险进入终极的不确定性，对于像你们这么短视而无知的生物，这一定很可怕吧。（请勿见怪，单就客观上来看，你们物种确实不算很先进。）似乎随便什么都能要了你的命。坠落、捅刺、焚烧，也不知道怎么回事，不管是喝水太少还是太多，你们都会死。

星系就没有上述这些恐惧了。对我而言，同样的不确定性不会构成像对你们那样的负担。再过短短的几十亿年，仙女座和我就会彻底合并，我们基本上会汇聚成一个星系。我们俩会同时死去，而我不必担心会丢下自己在乎的人。多亏了在宇宙各处的研究员星系所做的工作，这一切会以怎样的方式结束，我知道得分毫不差。好吧，或许算不上分毫不差。我们星系只是具有智能，又不是会什么魔法，即便是我们的科学也同样带有不确定性。

别担心，我是不会剧透大结局的，不过我可以告诉你，人类的科学家认为会发生怎样的情况。既然你对死亡的经验仅限于脆弱的有机生物，那我想来应该解释一下，对于星系而言——星系是个自给自足的大质量系统，具备迥然不同却清晰连贯的意识——何为死亡真正的含义。既然对我们而言，诞生的开端略显模糊，那你就可以理解，我们死亡的终点同样也模糊不清。有一件事是确定无疑的：与你们的死亡相比，我的死亡必然会带来更重大的后果，也会比你们想象的一切末日更为壮观。

有时，对星系而言，死亡可能意味着失控。实际上，纵观宇宙的历史，大部分时候，绝大多数星系之间的相互作用都是小合并，即一个星系完全制服了另一个星系。你可能以为，那些毁灭性相遇的问题在于，较小的星系被撕成了碎片，它们的内脏（找不到更好的比喻了）随意地散落在各处。然而，真实的情况是，假如有人肯费心，将我体内每一个平方秒差距的空间仔细梳理一遍，找出哪些恒星和气体团属于被我摧毁的那些小星系，那么，在理论上是可以把它们重新拼凑起来的。（不过，到目前为止，我确信，为了形成自己的新恒星，我已经把大部分气体都吞噬掉了。）不，我们星系是高傲的存在，所以，在这样的情况下，真正的悲剧来自能动性的丧失。

当然，也有一些星系的死亡方式更为传统。当古老的椭圆星系不再形成恒星时，有些人类天文学家就称其为“红色死亡星系”。我认为，若要将某个星系认定为死亡，还是等到其中的恒星都真正死亡之后才更合理，而不仅是不再形成恒星。毕竟，我们只是恒星、气体和暗物质的集合而已，这些物质聚集在一起，近得足以受到引力的束缚。即使是从星系的角度来看，那样的死亡也需要极为漫长的时间，但我更喜欢这种离世的方式。就这么……缓缓消融在永夜之中。

与曾经存在过（以及未来将会存在）的一切不可避免的终结相比，这些类型的死亡都微不足道——甚至可能完全是暂时的，因为只要注入一点气体，任何一个星系都可以重生。没错，我说的就是最真切的末日：宇宙的终结！

在人类过去的这个世纪里，关于宇宙会如何终结，你们的天文学家提出了几种普遍接受的假说，其中只有一种假说大错特错，简直到了可笑的地步。它们的名字很迷人，让人联想起大爆炸，以下假说没有特定的先后顺序，分别称为：大冻结、大撕裂、大吸食、大收缩、大反弹（最后一个是搭着大收缩的便车偷溜过来的附加奖励，但它们的区分很彻底，我要为此喝彩）。

在我把你们这个物种里最出色的头脑作出的最佳猜测告诉你之前，你应该知道，整个宇宙的最终命运在很大程度上取决于两个因素：一是我们可观测宇宙的平均密度，二是你们科学家称之为暗能量的膨胀力在大尺度上的长期表现。

密度——包括物质和能量的密度，因为这二者是可以互换的——可以分为三个组成部分：重子物质与暗物质的密度、来自相对论性粒子（光子和中微子）辐射的密度，以及暗能量的密度。

随着宇宙的成长和演化，不同的成分在密度中先后占据过主导地位。起初，在短暂的剧烈膨胀期内，宇宙被一种膨胀的能量所主导，你们的科学家将其归因于膨胀量子场（稍后会详细叙述）。暴胀刚刚结束之后，宇宙的温度极高，原子甚至根本无法形成，此时，在大约5万年的时间里，密度中占据主导地位的是辐射。接下来的大约90亿年间，又轮到物质主导一切了。如今，宇宙已经膨胀到了足够的程度，物质已经分散得很充分了，我们受暗能量的影响最大。

在任意一个指定的时间，宇宙的密度都可以与第六章中的临界密度进行比较，比值以Ω符号来表示。20世纪20年代，一位苏联数学家定义了临界密度，他假设，宇宙（你们人类特别喜欢对这个时空结构加以想象）是完全平坦的，可以在无限长的时间内朝着每一个方向扩展。

这位数学家名叫亚历山大·弗里德曼（Alexander Friedmann），他是公开反对爱因斯坦的静态宇宙观的第一人。要知道，在你们人类当中，爱因斯坦那个自以为是的混蛋可是鼎鼎大名啊，我都用不着说出他的全名，他是第一个构想出黑洞的人。他非但没有揭露它们其实是帮残忍的怪物，反而让黑洞听起来显得很时髦！他自认为用渺小的相对论解决了所有问题，没错，有很多事他都弄对了。可是你知道吗？他并没有那么大的才华，只是运气好罢了！他错误地以为宇宙是静止不动的，而弗里德曼十分勇敢地提出了异议。这是个相当渺小的英勇之举，针对的也是特定的问题，但仍有其重要意义。

爱因斯坦发表了广义相对论，用方程式描述了我们宇宙中引力的表现，以及引力带来的后果，包括存在引力或缺少引力会如何影响宇宙的膨胀。弗里德曼为爱因斯坦场方程找到了自己的解法——或者说是他本人的推导。这个方程——对这些人来说，万物莫非方程——用密度、曲率（形状）、引力和膨胀速率描述了宇宙随时间推移的不同大小。你们的科学家一般用大写的H来表示宇宙的膨胀速率，他们称之为哈勃参量。你或许听说过“哈勃常数”这个词，那只是宇宙在此时此刻的膨胀速率，因为你们科学家的自尊心，再加上你们这个物种短暂的寿命，导致他们夸大了当下的重要性。只要知道哈勃参量——科学家对此很有信心（也许是过于自信了）——你就能解出密度。当你将曲率设置为0，得出的就是临界密度。瞧见了吧，只要把你们人类发明的用于解释的数学运算去掉，就真的没那么复杂。弗里德曼的逆向运算显示，这个理论临界密度是每立方米10^{-26}公斤，大概就相当于在一个标准的热水浴缸那么大的空间里，有10个极其微小的氢原子。（人类的各种感受当中，有寥寥几种我不介意体验一二，在冒着气泡的滚烫热汤里放松一下恰好就是其中之一。）

有时，你们的科学家还会大谈宇宙的形状，这真是荒唐，因为宇宙的形状只是其密度的替代指标而已，而你们人类多数都完全无法想象一个“马鞍形”宇宙。这些不仅是三维的形状，所以你没办法用眼睛去看。除非你想让自己头疼，否则就不要费心去想象那是什么模样。

宇宙的密度要么小于、要么等于、要么大于临界密度。真是废话啊。也就是说，实际密度与临界密度的比率Ω可以<1，可以$=1$，也可以>1。

假设$\Omega=1$，那么按照定义，宇宙就是平坦的，因为临界密度即为平坦宇宙的密度。一旦发生膨胀，平坦的宇宙会持续膨胀下去，但在确实经过了无限年之后，引力的黏着力会让膨胀减缓，直到停止。记住，弗里德曼虽然勇敢，却还不够精明，在他的模型中，并没有把暗能量包括进去。在简化的弗里德曼宇宙中，只有物质和相对论性粒子对密度有所贡献。有了暗能量，就有可能出现平坦的宇宙，即使再经过无限年，它也永远不会停止膨胀。

假设$\Omega<1$，宇宙也会不停地膨胀下去，因为在低密度的宇宙中，没有足够的物质/能量，引力不足以让宇宙的膨胀停止。你们的科学家称之为“开放”宇宙，他们说，它的形状就像马鞍。就是你们安在马背上的皮革座席吗？让马儿背着它，好给你们骑的那种东西。你们人类可真是奇怪啊。

假设$\Omega>1$，则宇宙拥有大量的物质/能量，以至于暗能量无法挣脱引力的无情掌控。人类科学家将其称为“封闭”形状，在封闭宇宙中，膨胀会逐渐减缓，直到停止，然后自行逆转，就像一根拉伸到极限的橡皮筋那样。

上述存在可能性的密度场景中，每一种情况都表明了我们所知的宇宙终结的不同方式。

人类科学家自信地认为，他们已经正确地计算出了临界密度，而且，基于大视场观测，他们也知晓当前的平均密度。我看，他们对自己算出的密度值应该少一点信心才是，不过，至少我们都一致认为，你们的科学家对暗能量一无所知，尤其是在你的同类一直奋力研究的大尺度上。也就是说，你们的科学家——或者说至少是其中的佼佼者——是最先承认自己不知道宇宙将如何终结的人。但我料想，把他们的想法告诉你还是值得的，哪怕仅仅是为了让你在晚宴上聊聊我和他们的事，好显得你很聪明呢。

大撕裂

假设在一个稀薄的开放宇宙中具备足够强大的暗能量（或者是在一个暗能量更加强大的平坦宇宙中），宇宙就会持续地加速膨胀，直到引力变得过于微弱，无法再将万物聚集在一起，即便是在单个星系的规模上也是如此。你们的科学家将这种情况称为“大撕裂”，对于人类提出的这种我最不喜欢的宇宙终结方式，这个名字很恰当。

目前，暗能量仍然过于微弱，在局域性的小尺度上还无法克服引力。它可以让星系团之间的空间发生膨胀，事实也的确如此。正因为如此，数十亿年来，我再也没有见过儿时的一些朋友，而且很可能永远无法相见了。然而，引力仍然非常强大，足以让星系团、星系、恒星系统和恒星聚集在一起。

但随着宇宙的膨胀，物质也在一同膨胀，作为我可靠的工具，引力将万物聚在一起的力量会变得不那么有效。首先，星系团内的星系会开始彼此远离。看到群落分裂总是令人遗憾的，但是，当单个星系也开始感受到拉伸时，真正的麻烦就来了。这比我撕裂那些小小的矮星系时要糟糕得多，因为当时至少星系的各个部分仍然相距很近，在绕着吞噬它们的星系运转时，每隔一段时间，它们说不定还会擦肩而过。在大撕裂中，单颗恒星和气体粒子之间的空间会膨胀。仙女座和我会无可挽回地分开，在经过了这么长久的追求之后，这样的打击是毁灭性的。雪上加霜的是，在我们的恒星中，原子之间的空间会被拉伸开。即使是比引力强上6×10^{39}倍的强核力，在暗能量的面前也只能屈服，单个原子会被撕裂。

这一切是否会真正发生，取决于宇宙的密度及暗能量的性质，但更确切地说，是取决于暗能量的压力与其密度的比率。换言之，在指定体积的空间内，一定量的暗能量会产生多大的推力？如果暗能量的推力相对较弱，那么，暗能量就会随着时间的推移而消散，大撕裂就不会发生。仙女座和我在合体以后，就会从此过上幸福的生活！然而，假如暗能量的推力强劲，那我们在一起的日子就屈指可数了。

不过，具体有多少日子呢？嗯，当然了，这取决于暗能量推力的强度，以及宇宙的膨胀速率，还有产生引力的物质的密度。在你们天文学家以最实事求是的态度预测的不良局面下，再过短短的200亿年左右，大撕裂就会发生，这么点时间根本不够与所爱的星系共度生命。

我真的不愿去细想这种情景，所以，我可以心安理得地告诉你，他们认为，大撕裂发生的可能性不算太大。你们的科学家对暗能量强度及宇宙当前密度进行了粗略的（这是无可否认的）测量，指向了破坏性较小的结果。

大冻结

假使容许宇宙永远膨胀下去，又不会急遽地发生毫无必要的宇宙大撕裂，那么，它的终结方式可能就是大冻结，亦称“大冷寂”。喜欢嘲笑惯例和一致性的那些人有时也称之为宇宙的“热寂”。无论暗能量是否存在，在开放宇宙或平坦宇宙中，大冻结都有可能发生；在暗能量足够强大的封闭宇宙中也有可能。

宇宙的温度随着膨胀而降低，这个趋势会一直延续到遥远的未来。如果宇宙膨胀到足够的程度，所有的物质都散开了，粒子的速度也变慢了，那么，宇宙的平均温度就会降到0K，或者至少是非常接近0K。在这种情况下，仙女座和我就有充足的时间将本星系群中的其他星系全部吞噬——先提前说声抱歉了，萨米！——变成一个庞大的巨型星系。我们会一起继续形成恒星，直到耗尽所有可用的气体，这大约是1万亿年以后的事了，如果幸运的话，说不定可以拖延上100万亿年。当我形成最后一颗恒星时，我最先造出的低质量恒星中的幸存者即将死去，这不是很诗意吗？末代恒星会缓缓消失在寒冷而黑暗的寂灭中，直到一颗孤独的M型矮星从消耗一空的核心中榨出最后一缕光辉。在暗能量的作用下，其余所有的星系和星系团都被拉拽到了视野之外，越过了你们科学家称之为宇宙光视界的那条线，既然如此，也就不会再有新的气体供我们维持下去了。

你或许以为，你们人类的科学家会心满意足地止步于此，对于黑暗死寂的宇宙中发生了什么，他们不会感到好奇。那你可就错了，因为众所周知，人类的好奇心是永不满足的。

20世纪60年代，又是一位苏联数学家提出了质子衰变的观点，认为这是物质在最基本层面上发生分解的一种方式。质子是最稳定的粒子之一，因为它们已经极轻了（在你们科学家划分的粒子类别中，质子是最轻的），只能衰变成少数几种类型的粒子，比如正电子或介子。然而，安德烈·萨哈罗夫（Andrei Sakharov）并没有被质子的稳定性吓倒。在他看来，质子只不过是另一种粒子而已，而粒子都会衰变。当萨哈罗夫提出这个想法之时，还完全停留在理论层面，你们的科学家暂且未能观测到实际的质子衰变。作为一种防御，质子应该需要数十沟年才能完成自然衰变。

假如质子衰变是真实存在的——我先不说那个可能性有多大——那么，即使是当初组成我早已死去的恒星的那些质子，应当也会衰变为毫无用处的微小粒子。只有黑洞才会留存下来，等到再也没有什么星系可供它们祸害时，它们就会蒸发不见，因为它们会以科学家所谓的霍金辐射的形式慢慢失去能量①。霍金辐射又是另一个故事了，下回再讲，不过先这么说就够了：它是另一种理论现象，会将宇宙最后终结的时间拖延上……呃，拖延的这段时间漫长得连我都难以想象：对于其中质量最大的黑洞而言，要再经过10^{100}年。也就是1古戈尔年！当然了，黑洞会坚决要求拥有最终决定权的。

大收缩

一个物质密度大的宇宙终结了，与当初诞生的方式一模一样：伴随着一场爆炸。

在这种情况下，宇宙会一直膨胀，直到所有暗物质和重子物质产生的引力让膨胀放缓和停止，然后膨胀会发生逆转。科学家认为，从现在开始算起，到潜在的大收缩发生，所需时间的下限约为600亿年，但也可能会比这个下限漫长许多。当宇宙收缩时，星系团将被推动着发生碰撞，而不是像我们习惯的那样越离越远。然后，单个星系也会被迫发生碰撞，不过到那个时候，我们当中有许多星系应该早就相撞了。

对人类而言，大收缩最可怕的部分可能在于空间会变得极度拥挤，连恒星都开始相撞，这样的事以前从未真正发生过。我始终尽力确保自己的恒星有足够的空间可供呼吸——这个说法当然是比喻。幸运的是，在那一刻来临之前，你的同类早就消亡了。

既然在膨胀的过程中，宇宙会变冷，那你认为在收缩时，它又会怎样？明显会升温。宇宙的环境温度大概会从目前的3K上升到10^{32}K，与大爆炸时相差无几。随着温度的上升，总有一刻，宇宙的温度会比恒星还要高——最初是M型矮星，但O型恒星也无法幸免。恒星外部的高温会刺激形成恒星的气体分子活跃起来，毫不夸张地说，恒星会就此蒸发掉，就像被你遗忘在炉子上的一壶水那样。

正如原子尚未形成之时，早期宇宙中曾经有过这样一段时间，在大收缩的情形下，也会迎来这样的时期：宇宙会变得极其炽热，原子会分崩离析，变成自由飘浮的质子、中子和电子。

20世纪下半叶，这一理论在你们的科学家当中更为盛行，不过，到了20世纪90年代，当你们发觉宇宙的膨胀正在加速时，它就丧失了可信度。这个观点在失宠之前，曾经得到过一个人坚决的支持，此人名叫约翰·惠勒（John Wheeler）。在1967年的一次科学会议上，正是这个约翰·惠勒首次使用了“黑洞”一词。他必定是养成了支持差劲观点的习惯。

不过，大收缩可能会很有意思。它可以提供一次令人垂涎的良机，让我和仙女座变得更加亲密，在万物变得过于炽热、令我们难以应对之前，我俩会共同度过一段漫长的时光。随着宇宙越缩越小，很久以前就已失联的星系又会重新回到我的视野中。毫无疑问，有少数几个星系，我会欣喜地望着它们消失在宇宙光视界之外，可是谁知道呢？也许它们跟我一样，经历了兆载永劫。又或许最烦人的那些家伙会被摧毁。无论是哪一种情况，在生命最后的百万年间，比起与老友重聚，我还能想出若干种更悲惨的方式来打发时光。

假如宇宙中的物质被挤压进了这般不可思议的渺小空间，就会产生出一个巨无霸黑洞，无论你我，这样的庞然大物都见所未见。你能想象这样的负面影响吗？不过，大收缩也可能只是更有趣的某种情形的前兆，这就引出了……

大反弹

每当某人第一回听说大爆炸时，往往会不出所料地问出同一个老套的问题：“可是，大爆炸之前又是什么样呢？”大反弹假说为这个问题提供了一个可能的答案。

这里讨论的大反弹发生在大收缩之后，届时，宇宙并不会止步于黑洞或惰性质点的形态，而是会发生反弹，并且再次开始膨胀。在这种情况下，宇宙处于不断膨胀和收缩的循环中。

在爱因斯坦及其同时代人当中，大反弹理论颇为盛行，包括一位名叫乔治·勒梅特（Georges Lemaître）的比利时物理学家，他同时还是一位天主教的牧师。勒梅特解出爱因斯坦场方程的时间只比弗里德曼稍晚一点，他描述了一个动态的宇宙（亦即一个积极膨胀或收缩的宇宙）。不过，他往往被誉为提出大爆炸理论的第一人，认为曾经发生过大爆炸，宇宙萌生于一个单一的“原始原子”。

你或许会感到疑惑，像这样一个循环宇宙的大收缩真的可以视作死亡吗？好吧，这或许算不上宇宙的终结，但再也不会有另一个银河系或仙女座星系了。宇宙无法精准重现导致我们形成的确切过程。哪怕是像你们人类这样简单的系统也一样，永远不会再有另一个你了。

其余万物尚存，而你却已不在，想象这样一个未来就是这种感觉吗？呃，我不喜欢这样，所以咱们还是接着往下说吧。

大吸食

你们当中有些较为谨慎的科学家提出了一种宇宙毁灭的设想，这种情形完全不涉及宇宙的密度和膨胀。至少不会直接涉及。他们转而提出，由于物理学的基本定律发生了不可预测的突然变化，宇宙可能会被“吸”进一个全新宇宙的真空。至于这种情况究竟是否会发生，取决于你们物理学家所谓的希格斯场的稳定性……这个希格斯场嘛，不用说，非得给你解释一下不可。唉——

根据你们大多数物理学家的观点，我们的宇宙是由名为基本粒子的小能量束组成的，并且受其影响。据你们的物理学家所知，这些特定的粒子无法再分解为更小的部分。到目前为止，他们发现的粒子被划分为物质粒子（如电子、所有夸克和中微子等）与作用力粒子（如光子、胶子、玻色子等），它们携带着电磁力、弱作用力和强作用力。1897年，你们的科学家首次发现了粒子——即电子，这要归功于欧内斯特·卢瑟福（Ernest Rutherford），一位颇有成就的物理学家，可是现在，他们似乎一直在发现新的粒子，尤其是借助瑞士那个对撞强子的大环[2]。

在这些粒子当中，每个粒子都只是其自身所谓的量子场中一个长期存在的离散的能量尖峰。我觉得有必要强调一下，这些并非你们能以任何方式直接操纵的实际物理场，而是一种构建出来的便利的数学排列，是一种假想的介质，可以在宇宙中传递不同类型的能量。你这样想可能更轻松一些：这些场就是在宇宙后端运行的软件程序。有一个程序或场用于描述和控制电子，一个程序用于μ子，另一个程序用于暴胀子，诸如此类。这些程序相互依赖，所以，它们会以某种方式相互作用，假如你对其中某个程序加以改变或干扰，就有可能会影响另外一个或多个程序。再换回你们科学家使用的语言，他们将这些相互依赖的软件程序称为“耦合场”。

人类物理学家仍在进行积极的尝试，企图探索大多数场的运作原理，以及它们之间是如何相互影响的。有一点他们可以确信，即这些场可以发生无法预测的波动，使能量峰值（即粒子）难以持续存在，就像你们某个傻瓜在地震期间垒砌沙堡那样。

当场处于能量稳定状态时，就不会发生波动，而在所有状态中，最稳定的一种是能量为零的状态，又称真空状态。正因为如此，你们有些科学家才会将大吸食称作“虚假真空衰变”。

处于虚假真空状态的场可能看似稳定，但这样的稳定是种假象。这个场随时有可能降至较低的状态，在这种状态下，代表它的粒子虽然长期存在，但其行为方式却与我们的粒子截然不同。这种变化可以影响到其他任何一个场，会形成涟漪，以光速穿过整个宇宙，以至于我们甚至无法目睹其来临。还是说回我的类比吧，当你们计算机里的某一个核心程序被改写以后，它会如何呢？计算机会重启。所以，假设控制着我们宇宙的任意一个场跳跃到了一个不同的能量状态，那么，我们所知的这个宇宙就将不复存在。

你确实还在用电脑，对吧？有时候，要跟上节奏真是太累人了。

你们的物理学家认为，在不确定性处于合理范围内的情况下，宇宙中的大部分量子场都安然保持着零能量状态。但是——现在，终于说回了我想作为故事开头的地方——唯独希格斯场除外。

希格斯场与希格斯玻色子有关，你们有些科学家将希格斯玻色子称为“上帝粒子”，这要么是出于虔诚，要么是厚颜无耻。对我和你们的科学家而言，希格斯场都特别有趣，因为它与其他场的相互作用基本上决定了粒子的质量。由夸克组成的质子之所以比电子重，是因为夸克场与希格斯粒子的相互作用强于电子场。记住，没有质量的星系毫无用处。

你们的科学家一直在尝试着对希格斯场的能量加以测量，这些人认为，希格斯场或许正处于虚假真空状态。也就是说，在无法进行任何准备的情况下，我们的宇宙有可能会忽然重启。

幸运的是，要将希格斯场（或者其他任何一种场）推入一个新的状态，要么需要大量的能量，要么需要发生一种极其罕见的情况，你们的科学家称其为“量子隧穿”。我所说的“罕见”，意思是在我目前和未来的恒星死亡之前，这种情况发生的可能性几乎可以忽略不计。

不过，这种终结的方式似乎十分迅速，又没有什么痛苦，所以，只要等到仙女座和我最终契合在一起，就让大吸食随时来临吧。

人类天文学家相当确信，密度参数Ω非常接近于1，但他们不知道它究竟是略大于1，还是略小于1。虽然大冻结与宇宙正在加速膨胀的观测结果最为一致，但是，你们应该对一切存在可能性的结局保持一种开放的心态。就在短短一个世纪之前，据说很了不起的阿尔伯特·爱因斯坦还以为宇宙是静止的呢。

目前你们对世界的科学认识随时都有可能被颠覆。宇宙的另一种终结方式可能又会出现，只需等待着被另行冠以“大××”的名号。朝着增进理解进步——哪怕是对于像末路这样讨厌之物的理解——意味着科学正在发挥作用。

第十四章　末日

你的同类开始对宇宙的终结进行理论推定也就是过去这一百年左右的事，然而，成千上万年来，人类一直在提出关于末日的问题，一直在讲述关于末日的故事——讲的往往是人类文明的终结，或者你们整个世界的终结，因为直到18世纪80年代，你们才发现了另一颗行星，所以在那之前，地球差不多就是你们的整个宇宙。

每当某个新的人类文明诞生之时，他们总会发现，预测万事万物的结局比解释它们是诞生的要困难得多，因为知道万物的结局对你们也没什么好处。就像你们现代的科学家一样，有许多早期文明也直率地承认，他们不知道自己所了解的这个世界会以怎样的方式结束。有些人认为，终结只不过是将起源逆转过来而已。然而，有少数人却声称，幸亏有了天赋异禀的先知们，他们不仅确定了世界会以怎样的方式毁灭，还弄清了导致末日的原因。

有太多这样的故事消散遗失在了漫长时光中，它们要么是没有被记录下来；要么是被书写在了某种过于脆弱的物体表面上，没能经受住你们那个世界的腐蚀性环境和暴力行为（咳咳……焚书——咳咳……）。然而，还是有些故事流传了下来。直到今日，仍有人讲述甚至相信它们。

其中有一个流传下来的故事出自古代的挪威人之手，见于《诸神黄昏》——意思是“众神的命运”。多亏了那迷死人不偿命的澳大利亚兄弟当中的一位*，你们中的许多人大概都很熟悉这个故事，不过，原作中战场呐喊的成分要多一些，而且没有那么多的摇滚赞歌。

按照挪威人所述，世界末日始于芬布尔之冬，那是连续的3个严冬，中间没有夏季。随着储备的食物日渐减少，人类会忘记让他们发展到今天的是社会合作，开始自相残杀，但杀戮的目的不是为了战场上的荣耀，而是为了贪婪的求生（令人困惑的是，在挪威诸神眼中，后者居然比前者的性质更加恶劣）。有一对狼会吞下太阳和月亮，星星也会消失，你的同类会陷入黑暗中。仿佛像我这样强大的光辉竟然会在一对凶残的狼牙下熄灭。不过，这仅仅是末日的开始。

当巨狼芬里尔在陆地上驰骋，将所过之处的一切统统吞噬，你们的大地会随之震动。当巨蛇耶梦加得在海底甩动蛇

---

* 或指澳大利亚演员克里斯·海姆斯沃斯，曾出演雷神。——译注

尾，扭动着一路冲到水面，海面会随之上升。由诡计之神洛基率领的巨人大军将横渡洪水泛滥的地球，众神的守卫海姆达尔将吹响巨大的号角，让众神知道，最后的战斗已经开始。

在战斗中，奥丁与他来自英灵殿的战士军团会葬身芬里尔之口，芬里尔又会丧生于奥丁之子维达尔手中。海姆达尔和洛基会战斗至死，雷神与耶梦加得也会死于对方之手。世界将会沉到海底——也许每一个世界都莫不如此，因为在挪威神话中，世界共有9个[①]——除了创世时便已存在的虚空之外，什么也没有留下。除了两个悄悄溜进一片森林里的人——或者也可能是溜到了圣树世界之树的树根中，具体是哪种情况还得取决于讲故事的人怎么讲——所有人都会迎来死亡。这两位幸存者带来了至关重要的希望：世界可以重生，而且很可能确实会重生。

挪威神话以一种美妙的方式映射出了现代科学的认识，我对挪威人以及他们传说与科学的这种契合怀着一种近乎崇敬的感觉。毫无疑问，即便是你，在这样的神话中，也能看到你们科学家提出的大反弹假说的若干要素。

在你们人类的末日故事里，最经久不衰的那些来自亚伯拉罕诸教：基督教、伊斯兰教、犹太教以及其他宗教，这些宗教的信徒加在一起占据了你们这颗星球一半以上的总人口。每一个亚伯拉罕支派的故事都有些微小的差异，不过很明显，这些故事是相互关联的。

把宗教也视为神话的想法会让你们中的某些人勃然大怒。然而，这些宗教故事长盛不衰的生命力并不会因此减少它们身上的神话色彩，这仅仅表明它们一直都有一定量的拥趸。

在这些故事中，末日往往被看作上帝与不断迫近的邪恶之潮相抗的必然结局。其中一个版本出自基督教，最初的作者拔摩岛的约翰（至少现代的人类研究员是这样称呼他的。拔摩岛是一座希腊岛屿，据说这段经文就是在那里写成的）。他生活的年代距离耶稣死后不到百年，基督教圣经的第二部分《新约》之中的《启示录》便是他的作品。在《启示录》里，约翰描写了耶稣如何出现在他面前，向他晓谕世界末日即将来临，随后他如何亲至天堂，从一群口风不严的天使那里听到了有关末日的种种细节。

他们预言，上帝派遣的四骑士将预示世界末日的来临，带来征服、战争、饥荒和死亡。这些骑士来者不善（外加他们同样来势汹汹的坐骑——它们大概正因为那种叫马鞍的玩意儿而愤愤不平），但他们的力量还不足以彻底铲除世上的邪恶，所以上帝又派出了7位天使来破坏这片土地。天使给不信教的人带来瘟疫，把海洋和河流变成血泊，让世界陷入黑暗，引发了各种自然灾害。毕竟，没有洪水、地震和暴雨的话还算是哪门子世界末日，对吧？不过，我估计，对约翰的读者而言，这个故事的结局也算很圆满吧，因为直到世界毁灭、所有的灵魂接受了审判、忠诚的信徒在一个新世界里复活后，上帝才算是赢得了彻底的胜利。那真是松了一口气啊。

有趣的是，无论是挪威人还是基督教的世界末日故事，或是世界各地的另外几十个末日故事，都是开始于人类暴行作恶和自我堕落的时代。天启是一种惩罚，或者按照某些人的说法，是上帝的馈赠。因此，这是充满胜利荣光的时刻，世上的邪恶最终都被荡涤一空。至少先知们希望听众是如此认为的。从我所处的位置来看——过去我就围绕在你们身边，未来也会一直如此——这样的故事似乎是一种维持社会秩序的手段。

“每一个人最好都乖乖听话，否则，我就再发一场洪水，把一切统统消灭！”耶和华、恩利尔*、毗湿奴以及所有其他的神灵如是说。在宗教故事中，他们会用大洪水来毁灭文明。

洪水发生过许多次，但不管世界毁灭的方式如何，末日故事与来世神话的目的并不相同。这些末日神话故事里的说教不仅是针对个体行为带来的不良后果（尽管有权在另一个世界复活的都是正直忠诚的人，这堂课当然也并未缺席），它们描绘的是人类整体行为造成的后果。

《启示录》成书之时，有许多信徒以为，世界末日已迫在眉睫。但谁又能责怪他们这样想呢？耶稣死后，公元1世纪的基督徒遭受了罗马人的迫害。这本书甚至就是约翰在流亡期间写就

* 苏美尔神话中的大地与空气之神，以洪水灭世的祸首。——译注

的！基督教世界陷入了战争，这场战争摧毁了他们以及亚伯拉罕诸教教义中最神圣的那座城市中的圣殿。你们口中的维苏威火山发生了猛烈的喷发，摧毁了多个大都市。然而世界显然没有在那时毁灭，基督徒也仅仅是调整了他们的时间表。

人类一直毫无顾忌地大喊着世界末日将至。5000年前，乖戾的亚述人悲叹道，公民的礼节缺失和道德沦丧会导致世界走向末日。有许多科学家数学不好，观测又很草率，导致他们在粗心大意中做出了错误的末日预言，其中有不少家伙还无中生有地归咎于我，约翰内斯·斯图弗勒（Johannes Stöffler）就是其中之一。他是一位德国占星家兼数学家。斯图弗勒曾经预言，1524年和1528年，各大行星将连成一线[②]，引发一场灾难性的洪水，结果他在有生之年就证明了自己两次预测都是错的。

众所周知，2012年，在玛雅长纪历结束时，世界并没有随之终结。不过，玛雅人也从未想过这一天会被解读为世界末日，那只是下一次循环的开始罢了。跟我句实话，人类，在你的同类当中，大约有10%都相信世界将会毁灭于2012年，你是不是其中之一？不过没关系，过去的就让它过去吧。无论如何，这本书你都读到了这里，但愿你会有更清醒的认识。

哪怕时至今日，依旧有人相信，无处不在的疾病、日益加剧的风暴、火灾、洪水、干旱和地震都表明，这一次的世界末日已经近在咫尺。我可以向你保证，这并非天启将至的迹象，因为严格地说，天启一词的含义是“来自上帝的启示”。但发生这些灾难，应该责怪的是人类，而且这纯属人类的责任。最近，你们的海洋也“着火”了。从前，你们是依靠我来照亮道路的，而不是依靠石油和煤炭，当时就从来没发生过这种事。

若说这些灾难是厄运迫近的征兆，那预示的也是你们这个物种的灭亡，而非地球的毁灭。要毁掉整颗星球，尤其是我一手打造的星球，仅凭道德的沦丧和几个携带魔药而来的天使还远远不够。即便有天你们人类自取灭亡了，我也不会特别难过的。在你们消失后的几十亿年里，我可能是会有那么点孤独，可是在那以后，还会有更多生物取代你们的位置。

不过，假如我是个爱赌博的星系——我不是，因为我们星系没有可以用于赌博的货币——那么我敢打赌，最近这些唱反调的人是错的。别被这样的说法冲昏了头脑，但我相信，人类能够再次学会如何与你们的星球共存。

为什么这样说呢？因为我这几十万年的观察让我对人类出色的自我保护本能有了深刻的体会。也因为你们的科学家相当固执，一旦提出了问题，就不会轻易放弃。

第十五章　秘密

甚至早在你们彻底进化成人类之前，你的同类就一直在观察我。20多万年间，你们在我的星光下狩猎、航海、计算时间、讲述故事。你们非常认真地追踪着我这些星星的运动，学会了预判它们的位置。然后，在短短的几个世纪里，你们发明了若干工具，不仅可以利用它们对那些恒星加以研究，还可以观察恒星周围的行星，以及其他星系形成的恒星。你们已经在研究我这方面已经取得了长足的发展，然而，哪怕成千上万年来，你们一直在研究我的本质、讲述我的故事，但你们人类需要学习的东西还很多。

由于在我接下来的几世日程都很轻松，所以我非常兴奋，期待着看到你们把这一切都弄明白。每一年，刚刚完成学业的物理学家和天文学家都希望自己能成为那个揭晓答案的人：为什么太阳的磁场每11年就会翻转一次？或者木星的核心是由什么构成的？或者快速射电暴为什么会发生？或者黑洞内部有着怎样的面目？他们会带着新的思维，加入经验丰富的科学家队伍中去，这些科学家早已在努力解决宇宙中轻微的物质—反物质不对称之谜，或是在观察导致超新星爆发的那些时刻都发生了什么。

他们的问题多得数不胜数，我不敢剥夺他们自行作答的荣誉，也不愿丧失在他们磕磕绊绊地解决问题时袖手旁观的乐趣。但我可以很高兴地告诉你，他们正在着手解决某些与我有关的、最紧迫的问题。

你们人类必须先了解暗物质的秘密，然后才能真正理解我这个星系是如何在实体上变成如今这副面目的。威廉·汤姆森（William Thomson）发现，我的质量似乎比19世纪80年代看起来的质量更大。自此以后，你们的科学家就一直在为暗物质的发现而欢呼雀跃。你可能更熟悉汤姆森的另一个名字——开尔文勋爵。对，科学家最爱用的温标就是以他为名的，但他还是第一个把我额外的质量归因于他所谓“暗体”的人。对于恒星的寿命或宇宙的年龄，与开尔文同时代的人几乎一无所知，所以，在他的想象中，这些黑暗的天体就是恒星死亡后冰冷的残躯。这个想法在他的同行中广为流传，但是20年后，一位名叫亨利·庞加莱（Henri Poincaré）的法国科学家在述及开尔文的研究成果时，却把“暗体”写成了“暗物质”。

近150年过去了，人类天文学家一次又一次地重复着同样的观测。1922年，英国天文学家詹姆斯·金斯（James Jeans）研究了银道面上恒星的运动，尤其是恒星的垂直速度，他发现，比起用我可见部分的质量就能得出的速度，它们实际的移动速度要更快一些。10年后，荷兰天文学家简·奥尔特（Jan Oort）根据类似的数据得出了同样的结论。1933年，瑞士科学家弗里茨·兹威基（Fritz Zwicky）注意到了这种质量差异，当时，他正在测量后发座星系团里星系的运行速度（后发座星系团在你们的大约100百万秒差距之外，1个百万秒差距等于1000kpc）。1939年，霍勒斯·巴布科克（Horace Babcock）再次对其进行了测量，当时，为了研究星系的旋转曲线，他还偷偷窥视了仙女座的瑰丽丰姿。直到20世纪70年代，维拉·鲁宾在旋转曲线方面进行了大量的研究才首次为证明不可见物质对星系的运动产生了影响提供了可靠的证据，从那时开始，天文学家群体内才更多的人开始认真对待暗物质的问题。

现在你们已经知道了，暗物质对于围绕着像我这样的旋涡星系运行的恒星轨道、椭圆星系与球状星团的分散速度，以及星系团（它们中包含的透明质量可以通过引力透镜使来自背景光源的光发生弯曲）各有什么影响。然而，你们仍然不知道暗物质是由什么组成的，也不清楚在我体内和宇宙中的其他地方，暗物质究竟是如何分布的。

不过，你们的科学家自有其想法。1884年，开尔文提出了他的假说，认为我的额外质量可能要归因于暗体——诸如小型黑洞、褐矮星，以及自由飘浮行星（或称“流浪”行星）等，该假说一直延续到你们最近的千年之交。科学家将这些看不见的锚称为“晕族大质量致密天体”，简称MACHO。这些MACHO天体就像你一样，也是由普通的重子物质组成的，每一个天体只不过是夸克和电子的不同组合而已。

等到你们终于搞清楚如何将抛射体发射进太空之后（只能算是勉强进入），关于宇宙的大尺度结构，以及其中包含了多少物质，你们才获得了更深入的了解。你们的科学家已经推算出在大爆炸中可能产生了多少原子，但这还远远达不到宇宙的全部质量所需的原子数量。因此，开尔文最初的MACHO概念便被束之高阁了，直到有一小拨天文学家决定，要将原始黑洞（即大爆炸后立刻形成的假想黑洞）作为暗物质的来源进行研究。

即便如此，由于MACHO基本找不到，所以人类天文学家一致认为，暗物质有两大重要特征：它不与电磁力相互作用，但它确实会通过引领与发光物质相互作用。最后，你们注意到，就算是始终在我们宇宙中嗖嗖掠过的高能质子和原子核，它也不会与之发生相互作用。你们的科学家将这些粒子称为宇宙射线，实际上，它们可以径直穿过暗物质，而将之聚集在一起的强作用力却不会受到干扰，这就表明，暗物质也不会与强核力发生相互作用。

于是，（你们科学家已知的）作用力就只剩下弱核力这一种了，这种作用力能帮助粒子发生衰变。它和引力是两种相对较弱的力。

自从20世纪80年代以来，你们有些天文学家就认为，暗物质可能是大型的粒子云，其中的粒子比质子重1000倍，只与弱作用力或者比之更弱的力发生相互作用。他们并不确定这是些什么粒子，却给它们起了个名字（或许是为了回敬儿时遭受过的挖苦吧）：WIMP，即弱相互作用大质量粒子。你们的科学家搜寻了它们几十年，却始终一无所获。当光子穿过遥远星系中的暗物质时，会发生衰变，产生出额外的伽马射线；或者暗物质粒子会与太阳中的光子相互作用，产生中微子，他们尝试着去探测这样的射线或中微子，企图借此间接发现WIMP粒子。他们制造出了探测器，希望能达到足够的敏感度，感知到假想中的暗物质粒子与正常原子（一般是氙或锗）的原子核碰撞时产生的微小能量。科学家甚至企图在那个瑞士的大环里自行制造WIMP粒子，他们把那个环称为大型强子对撞机。40年过去了——对你们人类来说，就算是很久了！——你们的科学家仍未放弃发现WIMP粒子的希望。不过，既然研究未曾取得成功，这就促使他们去思考，暗物质另外还有哪些存在可能性的解释。

到目前为止，我提及的多数粒子——包括光子、希格斯波色子、夸克，但不包括假想中的WIMP粒子——都属于科学家建立的粒子物理学标准模型的一部分。到目前为止，人类观测到的有关我们宇宙的一切，几乎都可以用这个模型来解释，然而，在描述中微子的时候，这个模型却始终存在一个问题——确切说，是一个强电荷宇称问题（简称CP问题）。显然，它们过于对称了，与反中微子过于相似，不符合你们的物理学家对宇宙运行方式的假设。

1977年，斯坦福大学的两位物理学家提出，可以在标准模型中加入一条新的对称规则，从而解决CP问题。另外有两位美国物理学家也各自独立认识到，假设这种对称性被不由自主地打破，就会产生一个比质子质量小得多的粒子（甚至比电子还要轻！）如今，这种存在于理论中的粒子被称为轴子，但我宁愿你们管它叫“希格子”。你们的科学家认为，这种对称性经常会被打破，于是会产生极大数量的轴子，甚至可能足以解释宇宙中所有的不可见物质。最近，少数物理学家开始猜测，轴子或许还能解决物质—反物质不对称的问题。

单个轴子的质量很小，所以，它们难以与正常物质发生相互作用，但它们确实会与磁场相互作用，也可以衰变为光子。华盛顿大学西雅图分校曾经做过一项实验，用强磁体诱使任何一个不听话的轴子衰变为光子，而磁体可以轻易探测到这些光子。2020年，有人声称，意大利的XENON1T仪器探测到了来自太阳的轴子。这一发现的合理性仍是个有争议的问题，但无论如何，这都影响不了对暗物质粒子的搜寻。太阳轴子的能量太大、温度太高，不可能表现得像暗物质一样，暗物质需要保持低温，才能以那样的方式聚集成团。不过，说到这里，有些人类科学家就会留意到，假如暗物质粒子的质量更小，那么，它就有可能达到更高的温度（即移动的速度会更快）。

在未来的百十年里，我会密切关注这个粒子物理学领域。即使你们找不到要找的粒子，我也相信你们必定会取得某种新的发现，因为我知道，有待发现的还不止于此。

有一小部分物理学家认为，暗物质根本不是物质，在粒子加速器里无法找到解开暗物质之谜的答案。他们反倒认为，要想对暗物质的影响作出解释，可以稍微调整一下牛顿对引力的定义。1983年，有位名叫摩德埃·米尔格罗姆（Mordehai Milgrom）的以色列物理学家构想出了这个观点，当时，他提倡的是一种修正牛顿动力学理论（简称MOND）。MOND的支持者认为，牛顿引力只适用于加速度很高的环境，比如地球和太阳系；而像星系外沿这样的环境里物体加速度很低，遵循的则是不同的引力法则。

尽管我非常尊重不断想证明“爱因斯坦错了”的这种愿

望，但是，在没有对暗物质的星系进行观测之前，MOND是经不住检验的。假设果真只是引力在更宏大的尺度上表现有所不同，那么，这种效应应当随处可见。你们的天文学家确认了有少数暗物质异常贫乏的星系，它们被命名为NGC1052-DF2和NGC1052-DF4。科学家说，它们的暗物质被更大的星系偷走了，告诉你吧，我们星系仍在议论发生在它们身上的事，不过我们都是悄悄说。

暗物质的本质有可能是上述任何一种情况，也可能是惰性中微子，或者是大质量粒子，只与自身发生强相互作用，却不会与其他粒子相互作用。也许暗物质是几种粒子的组合，又或者是科学家甚至未曾想到过的东西。一旦弄清了暗物质是什么，你们就了解了宇宙中占比高达32%的物质 — 能量。那剩下的68%是什么呢？20年来，这个问题一直困扰着人类宇宙学家。（我曾经悠闲地看着他们某些人因此失眠，甚至抓狂不安。我只能说他们太在乎工作。）

你或许听说过暗能量是致使宇宙膨胀的力量这种说法。这是人类中普遍存在的一种误解，因为即便没有暗能量，宇宙仍会膨胀。到了20世纪30年代，多数人类科学家都接受了宇宙正在膨胀的事实，哪怕是那个叫爱因斯坦的傻瓜也不例外，但他们认为，膨胀的速度在逐渐降低。有两支天文学家团队耗费了数年时间，差不多是在地球正好相对的两面上研究遥远的超新星，人类天文学家将这种特殊的超新星用作标准烛光。他们希望弄清膨胀速度减缓程度的确切数值，但在1998年，这两支团队各自独立地宣布，膨胀没有放缓，反而正在加速[1]。他们构想出了一种假想的能量，会在宇宙中产生斥力，并称之为“暗能量”，因为它到底是什么，他们毫无头绪。

他们曾经有一个想法，即暗能量只是空间的一种固有特性，就像引力一样，必不可少，又不可避免。正如更多的质量等于更多的引力那样，更多的空间也等于更多的暗能量，所以，即使在宇宙膨胀之时，暗能量的强度或密度也保持不变。你们的科学家把这种方便的特性称为“宇宙常数”，在方程式中以符号Λ来表示。在你们的科学家当中，最广为接受的是Λ-CDM模型。模型规定，宇宙常数和冷暗物质是解释你们观测结果的必要条件。

还有一个不那么流行的观点认为，暗能量是另一个量子场的产物，这个量子场被称为“精质”，意思是宇宙中的第五元素，前四种分别为正常物质、暗物质、辐射和中微子（即重子、构成暗物质的无论什么成分、光子和轻子）。与宇宙常数不同的是，精质并非空无一物的空间导致的必然结果。精质的密度是随着宇宙的膨胀而变化的，也就是说，其强度和影响力会随着时间的推移而变化。

你们科学家了解暗能量的最大希望，就是持续测量宇宙在不同时间、不同方向上的膨胀速率。这正是有限光速对你们有利的地方。要想追溯到更久远的过去，你们人类只需要解决一个问题，就是如何观测到更遥远（因而可能在视线中模糊得多）的天体。你们的成像及测量技术终于发展到了可以实现这一目标的程度。其实有那么短暂的一瞬，我还拿不准这个目标能不能实现，因为你们地球人智囊团似乎更专注于像毛毯袍子这样的技术。那玩意儿只是一条带袖孔的毯子，这你们是知道的，对吧？

自从2013年起，来自世界各地的千百位科学家一直在合作开展暗能量巡天项目（简称DES）。在智利一台较为古老的望远镜上，他们又安装了一架极其灵敏的相机，他们借助这台相机，绘制了百十亿年前超过3亿个星系的天体图。假如宇宙膨胀的加速度始终没有变化——注意，人类，是加速度，不是速度——宇宙常数理论得了一分。而变化的加速度则是会为精质理论提供支持。

DES团队仍有大量数据需要梳理，但我猜想，在本书出版后不久，他们就会有令人兴奋的消息公诸于世。万一没有的话，人类科学家对即将推出的南希·格蕾丝·罗曼太空望远镜（即从前的宽视场红外巡天望远镜，简称WFIRST）也寄予了厚望。

罗曼太空望远镜得名于美国宇航局（NASA）的第一位首

席天文学家*，携带的相机像素高达3亿，可以拍摄下广阔的图景。按照NASA的日程计划，在21世纪20年代中期，这台世人期盼已久的望远镜将会接替哈勃望远镜的工作，被发射到绕地轨道上，它配备的仪器可以研究各种各样的课题，包括行星、星系，以及我们宇宙的膨胀。

在关于我的问题种种当中，有一个问题你们人类问得最多。假如每次有人一思考这个问题，我就能拿到一张那种薄薄的纸片（你们称之为1美元），那我就会成为世上最富有的那一个。由于这个问题被提出的次数实在太多了，所以你们大部分人已经有了关于这个问题自己的立场，这大概是因为，有造价高达数十亿美元的电影、电视节目、电子游戏和书籍会经常性地把某个特定的答案摆在你面前。你们想知道的是：外星上有其他生命吗？

在人类历史所谓的“宏伟”体系中，这是人类提出的一个相对较新的问题。直到1609年，有个人第一回用望远镜来观察火星，你们才意识到，还有其他与地球相似的行星。此后，只过了很短一段时间，你们就开始感到好奇，在其他岩质行星上，是否也可能有生命存在？1877年，一位名叫乔范尼·夏帕

* 即南希·格蕾丝·罗曼博士（Nancy Grace Roman，1925—2018年），因对哈勃太空望远镜的规划有突出贡献，被世人尊称为“哈勃太空望远镜之母”。——译注

雷利（Giovanni Schiaparelli）的天文学家写道，在火星表面有一张纵横交错的网，由长长的直线构成，他用母语意大利语称其为“沟渠”*，然而，因为你们人类从未构建过某种单一的全球语言，所以，当夏帕雷利的作品被译为英语时，这个词就被翻译成了“运河”。在19世纪剩余的时间里，有许多人类天文学家都把这些所谓的运河当作火星上曾经有生命存在的证据，其中有一个叫珀西瓦尔·洛厄尔（Percival Lowell）的人在这个问题上就格外顽固。

然而，火星上从来就没有过什么运河。至于夏帕雷利所描述的那些沟渠，实际上只是过度活跃的人类大脑出现的错觉而已。他透过简陋得可怕的望远镜，看到了一幅模糊不清的图像，在并没有直线的地方，他的大脑凭空添上了直线。你们那脑子浸满了水，根本靠不住，你们怎么能相信那样的脑子看见的东西呢？

无论有没有运河，人类天文学家仍在继续追问，太阳系中的其他行星是否能够维系生命？至今，他们依然在设法回答这个问题。没过多久，他们又开始针对围绕其他恒星运转的行星做出猜测，如今，你们的天文学家称之为系外行星。

当人一定很辛苦吧，你们的肉质形体很不方便，也无力控制弱小的肉眼所能看到的波长。假如你能像我一样，在同一时

---

* 意大利语原文为canali，与英文中的运河“canal”相似。——译注

间无处不在，那么，你直接就可以知道所有行星的情况。假如你的眼睛再敏锐一些，能够对星光视而不见，那么，你就能直接看到它们了。但实际上，你们却做不到。要想发现这些系外行星，你们的天文学家只好想出一些创造性的方法，其中多数都是间接迂回的。

又或者，因为它们在我体内，我应该管它们叫系内行星？为了避免混淆，我就称其为行星好了。除了对你们自己以外，太阳系并没有特别之处，不过，看到你们这么努力地去理解它，我真的很高兴。

这些很有创意的探测方法算不上特别高效。我体内的行星的数量何止千亿，但自从1992年发现第一颗行星以来[2]，他们才发现了其中的5000颗左右。到目前为止，有一种方法的成效远远高出其他方法，那就是你们天文学家所谓的凌日光度法。当一颗行星直接从你和它所环绕的恒星之间经过时，天文学家可以测出恒星被行星遮挡的光量。亮度下降的幅度与该行星的大小成正比，如果等待的时间够长，能不止一次看到这颗行星凌日，这样你就知道这颗行星的运转周期有多长了。一旦知道了周期的长度，其实只需将这个数值与主恒星的质量代入一个公式即可。这个公式是在四个世纪前被创造出来的，用于计算行星与其恒星之间的距离，然后，你只需要几个方程和某些简化性的假设，便可得知行星的温度。在一颗行星的影子里，竟然隐藏着这么多信息，谁能猜得到这一点呢[3]？

幸好你们的天文学家猜到了，因为在他们发现的行星之中，约有75%都得亏了凌日法的帮助，只不过从你们的角度来看，我的多数行星（超过99%）都不具备可以凌日的“正确”方向。通过测量主恒星在行星引力拖拽下的运动，他们又发现了另外的20%左右的行星。更确切地说，人类天文学家测量的是恒星接近或远离地球时的速度，科学家称之为径向速度。径向运动的速度越快，行星拖拽其恒星的引力就越大，因此，该行星的质量也就越大。

一开始，你们重点关注的是尽可能发现更多的行星。每发现一颗，都增添了你们对行星的总体认识。你们发现，在主序星周围，行星其实常见得很，并且目睹了我创造的行星令人惊叹的多样性（当然，我的恒星也起到了一点帮助作用）。你们甚至发现了那些热木星，那是我有一回误打误撞造出来的，然后我就一直在造这种星，因为它们很好玩。

可是，倘若你们想知道有没有外星生命，光知道有行星存在是不够的。你们还必须得知道，站立在那个星球的表面——或者在上面游泳或漂浮，视具体情况而定——是一种怎样的感觉。

你们的科学家还要先完成大量的研究工作，然后才能构建出任何一颗行星的表面（火星除外），不过，他们确实制定了一些粗略的标准来衡量宜居性。自然，所有这些标准都牢牢植根于典型的人类中心主义。哦，你们星球上大部分的生命都依赖于水而存在吗？得了吧，不是，你们星球有70%的面积都被水这种玩意儿所覆盖！但这并不能说明其他地方的生命也得依赖于水而存在。

不过，我同样也确实明白，你们是怎么假设的。水特别善于把物质溶解为更小的成分。如此一来，要将这些成分构建成某种东西——某种有一天会质疑活着意味着什么的东西，就会容易得多。

人类天文学家对水念念不忘，20世纪50年代，他们定义了恒星宜居带，有时也称为“金凤花区域”，即行星与恒星之间特定的距离范围，在这一范围内的行星表面可能存在液态水。倘若再近一点，主恒星的热量就会将水分蒸发掉；再远一点，水就会凝结成冰。凡是在行星上生活过的人——还有我，我从外部观察过的行星够多的了——都知道，表面温度还取决于行星的大气层、表面的反光程度，以及行星内部的情况。不出所料，这些因素往往被排除在你们对宜居性的计算之外，然而，对行星进行分类的依据依然包含其是否位于其恒星的宜居带内。

相信我，人类从未发现过外星生命存在的确凿证据。天文学家并没有向你们隐藏外星人的踪迹④。我觉得，就算他们想这么干也办不到。现如今，你们这个世界的联系太紧密了，在保守秘密方面，天文学家这个群体的表现差劲得令人发指——在实验室工作服和满口的科学术语背后，掩藏的是不屈不挠的八卦之心。他们不知道外星人是否存在，但是，有些人类天文学家已经接受了金凤花区域的概念，并且将其扩展成了银河系宜居带。他们想知道，外星人可能会生活在我体内的哪一个部位。我说的是类人外星人。

为数不多的这部分天文学家会说，在天文背景下，人类的生命需要3样东西才能生存：即金属、辐射防护，以及时间。在我看来，这张清单似乎简化得有些过分——我曾经听到好些人类说过，如果没了早上的那杯咖啡，他们真的会死——不过，我是个相当宽宏的星系，我可以承认，在人类的需求这件事上，你们大概比我了解得多一点吧。

你们需要的金属是在我的恒星中产生的，这就说明，在恒星密度大的区域，你们会找到更多所需的碳、氮和氧。我的大部分恒星都集中在银心附近，越靠近边缘，恒星的数量就越少。实际上，人类天文学家已经注意到了，随着半径的增加，金属丰度呈现出下降的趋势，不过，也需要考虑到某些例外情况。我吞噬的那些小星系中可能含有丰富的金属，当我撕裂那些星系时，这些金属便散布在我的晕轮中，以及银盘的外围。假使愿意的话，我还可以利用萨吉和我的恒星散发出的风，将某些金属推送到各处。但在多数情况下，如果想找到大量的重元素，你就应该朝着我的中心去搜寻。

这就需要与你们的第二项要求保持一种微妙的平衡，即对辐射防护的要求。具体而言，就是高能的紫外线、X射线和伽马射线，这类射线是由超新星爆发产生的，也有较轻微的射线产生于各行其是的恒星。你们人类娇滴滴的小身板承受不住这样的辐射，就算是那些所谓的壮士也一样——他们吸溜着蛋白质奶昔，举起轻得可怜的数百斤重物，仿佛这样就能让自己在整体性的灭绝中幸免于难似的。但超新星并非会带来危险的辐射唯一的来源，而只是其中威力最大的那一种。你也有可能会被特别强烈的伽马射线暴、活动星系核，以及数以百万计的高能宇宙射线灼伤，这些射线可以在你毫不知情的情况下径直穿过你的身体。

所以，人类既需要待在有恒星的地方，这样才能利用它们产生的金属，又需要待在远离恒星的地方，这样你们的细胞才不会开始退化，或是迅速地发生变异。这点就已经很难办到了，可是困难还不止于此。

人类的生命需要时间。你们这些自以为是的进化主角需要数十亿乃至上百亿年的时间，要在一个稳定的环境里发展演变。也就是说，在我体内寿命较短的O型或B型恒星周围，你们是无法存在的。这还意味着倘若有友善的恒星飞掠而过，你们只能坐以待毙，因为这可能会改变地球的轨道，或者把你们从宝贵的太阳身边带走。没错，任何一个朋友都不允许到太阳那里去串门，因为这很可能会要了你们的命。而你们居然还以为自家的父母管教甚严呢！这样一来，我的核球就可以排除在外了，因为在那个地方，大多数恒星至少每十亿年就会从伙伴们身边掠过一次。

所有这些限制条件看似是互相矛盾的，对于假想中的银河系宜居带，这说明了什么呢？唔，根据人类天文学家的说法（他们是完全没有任何偏见的），在距离银心7—9kpc的一圈环形地带中，有可能会发现外星人。这话听起来是不是很耳熟？嗯，耳熟就对了，因为太阳系恰好就在这个环形地带中间。科学家正在搜寻的外星人应该离你们很近（也有可能恰好在银盘上的正对面）。这可真是方便，因为他们发现的大多数行星都位于太阳系的1000秒差距范围内。

一旦天文学家成功地发现了这样一颗行星，能满足所有限制的宜居条件，那他们就可以采用几种不同的方法来弄清这颗星球上是否确实栖息着生命。

第一种方法是寻找生命产生的副产品，他们称之为生物征迹。在天文学家寻找的生物征迹中，大部分都是生物产生于体内、再释放到大气里的气体。最近，有些天文学家声称在金星上发现了磷化氢——后来先是否认了这一发现，接着又再次予以承认——这就是一种生物征迹，因为它虽然可以通过其他方式少量产生，却与你们消耗性的生物过程密切相关。每当涉及生物征迹时，总是存在假阳性的可能。氧气和甲烷这两种生物征迹你很可能也听说过。

另有一些生物征迹相对鲜为人知，比如生物（植物、海洋中的藻类等）以特定方式反射出的光。某些气体季节性的变化模式也是有可能探测出来的，比如，随着光合作用生物的生长和死亡，二氧化碳的丰度会相应地减少和增加。为了找到各种气体性的生物征迹，人类天文学家提出了两种方法，它们的名字令人摸不着头脑，分别叫作凌日光谱法和透射光谱法。

还记得吧，凌日光度法测量的是当行星从其恒星前方经过时的亮度变化。而凌日光谱法测量的则是行星在不同波长上的凌日深度，借此来了解其大气层的组成。它在某些波长上的透明度较低，而在其他波长的透明度则较高，这取决于其大气层的组成情况。行星大气层的不透明度影响了它阻挡星光的程度，因此也影响到了凌日深度。

借助透射光谱法，天文学家可以测量恒星发出的光在穿透其凌日行星的大气层时光谱的变化。恒星的部分光子被大气层中的分子阻挡和吸收，于是，你们的天文学家在那些光子对应的波长上就看到了光谱上的缝隙。

到目前为止，这两种方法都只适用于大气层很厚的行星，比如木星，不过，人类天文学家有信心将这种方法的适用范围拓展到其他行星上。即将推出的詹姆斯·韦布空间望远镜（JWST）会改变这一状况。这台望远镜原本名为“下一代太空望远镜”，某些天文学家正在施压，希望将这台望远镜再次改名，以免继续纪念那样一个人，他仅仅因为同僚敢于爱上另一个拥有同形肉体的人，就歧视和迫害他们[5]。我觉，得这个要求很合理；那种愚蠢的人类思维实在狭隘，不应当获得颂扬。

JWST（或者无论最终会给它起个什么名字）的图像采集区比哈勃要大6倍以上，据说能够看到小型岩质行星的大气层。它应该还能看到第一批恒星和星系的形成，并且透过尘埃云，观察新的恒星和行星形成。

JWST的研制工作于1996年启动，原本计划于2007年发射升空。结果，由于遇到了出乎意料的各种耽搁和资金问题，发射时间先是推迟到了2010年，然后又一再推迟至2013年、2018年、2019年、2020年，最后推到了2021年。人类天文学家开玩笑说，它永远也上不了天，有些人依然在做噩梦，梦见望远镜在最终到达轨道以后无法正常展开。然而，望远镜确实在2021年发射成功了，就在圣诞节那天！世界各地的天文学家和业余太空爱好者纷纷称赞，说这次发射是他们心中的最佳礼物。

人类天文学家还有另一种寻找外星生命的方式，就是搜寻他们所谓的技术印记。假设其他行星上的生命形式进化出了与你们相同的需求，一旦他们具备了智能，就会采取与你们相似的技术路线，天文学家相信，他们可以找到存在外星技术的证据。

事实上，技术印记的搜寻者正在寻找外星文明技术刻意对环境加以操控的证据。它可能会以不同的形式出现，诸如化学污染或光污染；或是像戴森球这样的巨型物体，用于最大限度地收集恒星能量；或是连贯的电磁信号。自从20世纪60年代以来，你们的天文学家就一直在寻找来自其他恒星系统的无线电编码信号。最初，一位名叫弗兰克·德雷克（Frank Drake）的美国射电天文学家原本是这项工作的带头人，直到地外文明探索研究所（SETI）最终接手了这项工作。SETI由吉尔·塔特（Jill Tarter）所创立——提到人类当中的寥寥数人，我心中唯有尊敬，她便是其中之一[6]。这家研究所的工作一直遭受着众多天文学家的嘲笑，但它始终是我最喜爱的人类组织之一，因为它敢于大胆提出这样的问题：在我体内，可能还存在着其他哪些有趣的生物？

很明显，你们的天文学家正在设法回答关于地外生命的问题。但我认为，在提出这个问题的时候，你们当中的某些人真正想知道的，其实是星际外星人网络是否存在？《星际迷航》《星球大战》和《银河护卫队》里面的场景是不是确有其事？不过，你真真正正想知道的不过是超光速旅行到底有没有可能，对吧？

好了，这是该我知道的事情，但愿你和你们的科学家能找到答案。正如你们人类只能靠自己去弄清楚：黑洞怎么会以这么快的速度获得了超大的质量？或者所有的中等质量（即相当于太阳质量的100—10万倍）黑洞都在何方？或者太阳系里是否还有神秘的第九大行星？或者为什么IMF会是如今这副模样？当然了，我早就告诉过你，那是因为我不喜欢制造显然行将就木的恒星，可是，我说的话有谁在听呢？更好的问题应该是IMF具不具备普遍性？所有的星系对待自己恒星的方式是不是都一样？

你们的科学家在没有上课、没有出席同行的演讲，也没有向任何愿意听信他们想法的资方——我是说任何一家愿意听他们说话的资方——乞求资助时，就会努力为某些问题寻找答案，以上只是其中的一部分。考虑到他们不顾一切的劲头，我毫不怀疑，这些人随时有可能把这些问题统统弄明白。不过在我看来，真正的突破在于你的同类开始提出一些甚至谁也不曾想到过的问题。

小小的读者，倘若你不打算加入这些科学家的行列，那么，当他们在朝着理解迈进的道路上踉跄前行时，就请耐心等待吧。毕竟他们也只是凡人而已。我能做的唯有一件事，就是祝你们的科学家好运，并合掌祈祷（这当然是个比喻），但愿他们能上演一场精彩的好戏。要是我有爆米花就好了。

当天文学家对我或某个星系伙伴取得新的了解时，我希望你也跟他们一样，为这样的发现兴奋不已。尤其是现在，我们彼此已经比之前熟悉多了。从你们面临的阻碍来看，获得这样的成就可能需要很漫长的时间，所以目前，你们真正应该学习的是如何与这颗星球共存，而非仅仅在地球上生活。我可以向你保证，你们……暂且还没有准备好与我其余的存在来一场面对面的相遇。但是，假如你们能找到某种方式，毫发无伤地出现在我灿烂辉煌的身体深处，那么，在我发给仙女座的下一封情书里，说不定会提一提你们的事。

在本书中，我一直拼命努力不去多嘴（嘴当然也是个比喻），只跟你说那些善于观察的人已经获悉的内容，可是，有一个秘密，我可以慷慨地告诉你和你们的科学家，这个秘密我只跟另一个星系提起过。在自我怜悯的泥潭里沉沦了数十亿年后，我踏上了一场发现自身卓越性的旅程，从而意识到了自己真正的激情所在：那就是激励他人。我想激励恒星、星系，甚至还有像你这种毛茸茸的肉口袋；我想在万物体内点燃一把火！——不管这把火到底是真正的火焰，还是一种比喻。

我的整本自传都在激励你去有所作为。请你针对周围的世界提出问题，并找到真实的答案。请你下定决心，坚持自己值得拥有更好的生活，并为了清除你们天空中的各种污染而奋斗——相信我吧，我值得你付出这样的努力。或者请你创造出美丽的艺术作品，等你摆脱这具终有一死的躯壳之后，人们仍能对你的作品津津乐道。给你点提示吧：永恒的艺术品表现的都是永恒的主题，在你们人类渺小的生命中，再也没有比我更长久的存在了。

我们星系有句谚语，翻译成你们的语言，大致就是："你可以把一条肉虫引向群星，却没办法让它产生好奇。"不过，我还没有遇到过我办不到的事情呢。所以，去探索星空吧，地球人！愿我的群星指引你走向一个充满故事的奇妙未来。我一定会洗耳恭听的。

致　谢

从记事的时候起，我就一直想写书。可是，很长一段时间以来，我都以为自己写不了书。所以，我首先要感谢杰基·斯罗根，这位老师一直相信，凡是我下定决心要做的事，就必定可以实现。其次要感谢我妈妈，她让我深深地爱上了阅读，所以才会萌生写书的梦想。

感谢我的经纪人杰夫·施里夫，他给我发了封邮件，询问我是否考虑过要写本非虚构类的书，在关系不熟的人写给我的邮件里，他这一封是写得最棒的。再次感谢你，杰夫，因为当我对你说我想从银河系的角度写一本书时，你没有哈哈大笑。也感谢马修·斯坦利向杰夫引荐了我。

我还要给我了不起的编辑麦迪·考德威尔送上一束鲜花，以表我的感谢每当有什么地方写得不好的时候，麦迪总是会坚决地坦诚相告；如果哪里写得还可以，她也会热情地如实告知。麦迪，假如没有你的帮助，这本书的水平会与现在相差甚远。感谢贾姬·杨敏锐的慧眼和出众的笑话。

感谢出版社参与本书的每一位工作人员，从封面到校对，从印刷到营销，大家都有贡献。我虽未见过你们所有人，但你们让我的梦想成为了现实，我对此深表感激。

感谢每一位通读章节内容、对事实进行核查的人，如果不结合本书其他部分的上下文来看，这些章节肯定会显得特别奇怪。感谢未来的卢娜·扎戈拉克博士，也感谢大卫·赫尔凡德博士，凯瑟琳·约翰斯顿博士，德莉亚·卡里略博士，艾米莉·桑福德博士，艾比·史蒂文斯博士，豪尔赫·莫雷诺博士，以及卡尔蒂克·谢思博士：你们的笔记乃是无价之宝！感谢史蒂夫·凯斯和大卫·基平帮我核对历史和科学知识。

特别感谢我的伴侣，威廉，他帮忙阅读各章节的内容，助我度过文思枯竭的瓶颈期，并且在我进入角色时忍受我的情绪波动——尤其是在撰写更需要冥思苦想的章节时。再次感谢你在我写作的时候，阻挡了猫咪科斯莫对我的袭击。

虽然它看不懂，但我还是要感谢科斯莫，我生命中毛茸茸的宝贝，在我写作本书的时候，感谢你的陪伴。当我妈妈读到早期的某一份初稿时，她说，银河系倒像只猫。我告诉她，这很合理，因为每当我需要进入银河系的角色时，我就会看一看科斯莫。尽管它完全要依赖我的照料，却还是那样无动于衷地对我眨着眼睛。每到这时，我就会想：“是啊，一个近乎无所不知的星系大概也会以这样的眼神看着我吧。”所以，感谢你为我带来了灵感，科斯莫。在我眼中，你干的可不止一份工作。

最后，还要感谢你们，我亲爱的读者。感谢大家聆听我和银河系的话。

注　释

以下内容既非参考书目，也非作品引用列表。如果你对这些内容感兴趣，那么，在我的个人网站上，可以找到在写作本书时参考过的学术论文动态列表。这些注释里全是额外的花絮信息，我觉得大家或许会喜欢，还有一些延伸阅读的内容，因为实在太平淡了，银河系根本就懒得提起。在这些注释中，甚至还包括了一些天文学团体的“幕后八卦”，因为银河系说得对，我们是做不到缄口不言的。

第一章　我就是银河系

①在日常生活中，我们人类对于超过一万亿的数字没有太大的需求，然而，这并不妨碍我们造出一些字词，用来表示真正庞大的数字。例如，表示10^{10000}的英文单词是“ten tremilliatrecendotrigintillion”。在兰登·科特·诺尔（Landon Curt Noll）的博客上，你可以找到其他同样跟绕口令差不多的数字词汇。

请参见：https://lcn2.github.io/mersenne-englishname/tenpower/tenpower.html

②假想中的这些自由漂浮大脑被称为玻尔兹曼大脑，以路德维希·玻尔兹曼的名字命名，但这个概念并不是由玻尔兹曼本人提出来的。大多数科学家会认为玻尔兹曼大脑是个愚蠢的想法，对此不予理会，然而，这并不妨碍物理学家进行最容易给我们带来挫败感的讨论，即整个人类的存在是否仅为宇宙中一个随机漂浮在某一瞬的大脑。

③褐矮星是介于行星与恒星之间的一种天体。它们的质量不够大，不足以启动和维持其核心的氢聚变，不过，某些褐矮星的质量倒是足以

在短时间内发生氘（又称重氢）聚变。有时候，天文学家会开玩笑说，褐矮星是失败的恒星，但我们仍在设法找出成功与失败之间的质量界限何在。有一个了不起的研究团队，简称BDNYC，位于美国自然历史博物馆（American Museum of Natural History），正致力于更深入地了解褐矮星。

④热木星是一种大质量行星（体积相当于地球的100多倍），它们的轨道离恒星很近，近得在短短几天内便可绕恒星公转一周，而不像我们的木星那样，绕太阳公转一周需要12年。1995年，我们刚发现了一颗热木星，天文学家们立刻便感到困惑不解了：这么大的一颗行星，怎么会离它的恒星这么近？它是先在远离恒星的地方形成，然后才迁移进来的，还是就地形成的？事实证明，在某些特定的条件下，这两种情况都有可能！

⑤古埃及人相信，尼罗河之所以每年都会泛滥，是因为女神伊希斯在为她的丈夫奥西里斯哭泣。当我们称为天狼星的那颗星可在日出时被肉眼所见，他们便知道，女神的眼泪很快便会流淌而下，为下一季的庄稼润泽他们的田地。

请参见：David Dickinson, “The Astronomy of the Dog Days of Summer,” Universe Today, August 2, 2013, https://www.universetoday.com/103894/the-astronomy-of-the-dog-days-of-summer/

⑥国际夜空保护协会（International Dark-Sky Association，简称IDA）是一个非营利组织，他们对光污染带来的影响进行追踪，并与之进行斗争。生活在当代的大多数人看到的夜空都有所遮挡，但这个组织提供了建议，告诉你如何为改变这种状况提供助力。

请参见：“Light Pollution,” International Dark-Sky Association, February 14, 2017, https://www.darksky.org/light-pollution/

⑦当我发表公开演讲时，人们往往会问我，我们究竟为什么应当研究太空？出于学习目的而追求知识是人类一种崇高的行为，除此之外，天文学研究还为社会提供了数不胜数的实际利益。

请参见：Marissa Rosenberg, Pedro Russo, Georgia Bladon, and Lars

Lindberg Christensen, “Astronomy in Everyday Life,” Communicating Astronomy with the Public Journal 14（January 2014）: 30–35, https://www.capjournal.org / issues/14/14_30.pdf

第二章 我的名字

①蜣螂分辨不出单独的星星，却可以看见横亘天空的整条银河，在将粪球滚回家园时，它们可以借助银河来确定自己的方向。某些候鸟在飞行时，会用北极星来指引方向，比如靛蓝鹀。

请参见：Joshua Sokol, “What Animals See in the Stars, and What They Stand to Lose,” New York Times, July 29, 2021, https://www.nytimes.com/2021/07/29/science/animals-starlight-navigation-dacke.html

第三章 早年

①就连银河系也无法抵挡朱莉·安德鲁斯的魅力，也无法否认《音乐之声》的价值。

②在这些模拟当中，很多著名且应用广泛的例子来自Illustris项目。

请参见：Illustris, https://www.illustris-project.org/

③并非所有元素都是在恒星的核心形成的，像银和金这样更重的元素是在中子星碰撞等高能事件中形成的，此外还有其他不同的金属形成机制。

请参见：Jennifer A. Johnson, Brian D. Fields, and Todd A. Thompson, “The Origin of the Elements: A Century of Progress,” Philosophical Transactions of the Royal Society A: Mathematical, Physical and Engineering Sciences 378, no. 2180（September 18, 2020）: 20190301, https://doi.org/10.1098/rsta.2019.0301

④宇宙整体上正在冷却，但在发生合并的星系团中，气体粒子之间

的相互作用却会导致气体升温。

请参见：Matt Williams, "The Average Temperature of the Universe Has Been Getting Hotter and Hotter," Universe Today, November 14, 2020, https://www.universetoday.com/148794/the-average-temperature-of-the-universe-has-been-getting-hotter-and-hotter/

⑤我们在想到技术和科学进步时，很容易认为所有的社会都应该遵循同样的路径、遵循相同的节奏。然而，工具的发展与社会的需求是并行的，并非每个群体都需要某种方法来对大数字进行计算或区分，这未必就有损于其社会先进程度。

请参见：Caleb Everett, "'Anumeric' People: What Happens When a Language Has No Words for Numbers?," The Conversation, April 25, 2017, https://theconversation.com/anumeric-people-what-happens-when-a-language-has-no-words-for-numbers-75828

⑥世界各地有许多文明（如希腊、美索不达米亚、埃及等）都相信，天空是众神的家园，天空的表现反映了众神的意志。南部非洲的不同民族倾向于将天空视为一个坚实的穹顶，将我们的世界与某种另外的东西隔绝开来。星星可能是穹顶上戳出的针孔，也可能是用绳索悬在穹顶上的明灯。

请参见："African Ethnoastronomy," Astronomical Society of Southern Africa, https://assa.saao.ac.za/astronomy-in-south-africa/ethnoastronomy/

⑦蜉蝣的寿命确实短暂得令人惊叹，不过，说它们朝生暮死并不完全准确。它们的水生幼虫阶段可以持续数月乃至数年。当它们长好翅膀浮出水面时，雄性蜉蝣能活个两三天，而雌性蜉蝣只能存活短短的5分钟，刚好足够交配和产卵。

⑧这些引力相互作用减缓了我们的自转速度，也导致月球每年离我们远去1.5英寸。最终，月球会离我们相当遥远，在天空中看起来会比太阳还小。到那个时候，日全食就再也不可能发生了。不过这就是几亿年

以后的事了。

⑨我在研究生院讲授一门关于恒星年龄推算技术的课程，但我们整个学期的时间基本都耗在回顾各种计算方法上了。

请参见：David R. Soderblom, “The Ages of Stars,” Annual Review of Astronomy and Astrophysics 48, no. 1 (August 2010) : 581–629, https://doi.org/10.1146/annurev–astro–081309–130806

⑩有几篇论文指出，在恒星的寿命周期内，有一个适合维系生命存在的理想时间点，而我们的太阳几乎就处于时间轴上的最佳时间点。

请参见：Abraham Loeb, Rafael A. Batista, and David Sloan, “Relative Likelihood for Life as a Function of Cosmic Time,” Journal of Cosmology and Astroparticle Physics 8 (August 18, 2016) : 040, https://doi.org /10.1088/1475–7516/2016/08/040

第四章　创世

①根据化石记录，科学家认为，在地球上进化形成的40亿物种中，超过99%都已灭绝。我们的星球经历了多次大灭绝事件。

请参见：Hannah Ritchie and Max Roser, “Extinctions,” Biodiversity, Our World in Data, 2021, https://ourworldindata.org/extinctions

第五章　家乡

①天文学家知道银盘是弯曲的已经有一段时间了。而得益于盖亚号航天器，他们最近确定，这种弯曲是由于与一个卫星星系的相互作用所致。

请参见：E. Poggio, R. Drimmel, R. Andrae, C. A. L. Bailer–Jones, M. Fouesneau, M. G. Lattanzi, R. L. Smart, and A. Spagna, “Evidence of a Dynamically Evolving Galactic Warp,” Nature Astronomy 4, no. 6 (March 2,

2020）: 590–96, https://doi.org/10.1038/s41550-020-1017-3

②我的一位导师和系里几个研究生正在研究人马座星流的轨道特征，以便弄清它的起源，现在在它的形成史上也有一些研究。

请参见：Nora Shipp, “Galactic Archaeology of the Sagittarius Stream,” Astrobites, June 20, 2017, https://astrobites.org/2017/06/20/galactic-archaeology-of-the-sagittarius-stream/

③在英语中没有这样的词汇，不过在德语里，几乎可以找到形容任何一种复杂概念的最佳词汇。在这种情况下，德国人或许会用“非天使”这个词来指代最后的伴侣。

④关于三角座星系，美国宇航局的星系档案里有对它比较客观的描述。

请参见：Rob Garner, ed., “Messier 33（The Triangulum Galaxy）,” NASA, February 20, 2019, https://www.nasa.gov/feature/goddard/2019/messier-33-the-triangulum-galaxy

⑤麦哲伦型旋涡星系在整个宇宙中可能还算常见，但在靠近银河系这种大质量星系的地方，则是相对罕见的。

请参见：Eric M.Wilcots, “Magellanic Type Galaxies Throughout the Universe,” in “The Magellanic System: Stars, Gas, and Galaxies,” ed. Jacco Th. van Loon and Joana M. Oliveira, Proceedings of the International Astronomical Union 4, no. S256（July 2008）: 461–72, https://doi.org/10.1017/s1743921308028871

⑥1877年至1919年间，爱德华·皮克林雇佣了至少80名女性，亨丽爱塔·斯万·勒维特只是其中之一。这些才华横溢的女性分析了大量的恒星数据，但却没有得到同时代大多数人的尊重，被他们戏称为“皮克林的后宫”。

⑦这些孤立的空洞星系虽然罕见，形成的方式却很有趣。然而，它们的命运与典型的星系依然非常相似。

请参见：Ethan Siegel, “What Is the Ultimate Fate of the Loneliest Galaxy in the Universe?," Forbes, December 18, 2019, https://www.forbes.com/sites/startswithabang/2019/12/18/what-is-the-ultimate-fate-of-the-loneliest-galaxy-in-the-universe/?sh=d479b0c566a2

⑧这些圆盘的直径均为30英寸，厚度仅有几毫米，圆盘上钻有小孔，用以固定纤维，它们会将被观测目标的光传送到一个光谱仪上。凡是SDSS项目的合作成员，都可以申领一张旧盘，他们经常用这些盘来做些创造性的事情。在我的研究生部，有位教员就把他的旧盘改造成了一张桌子。

请参见：SDSS-Consortium, "Serving Up the Universe on a Plate," Max Planck Institute for Astronomy, July 14, 2021, http://www.mpia.de/5718911/2021_07_SDSS_E

第六章　身体

①有一种常见的误解认为，银河系的引力是由其超大质量黑洞主导的。虽然Sgr A*可能确实是星系中最重的单一天体，但核球部分其余所有恒星的质量加在一起，大约相当于这个黑洞质量的一万倍。

②银河系是知道这一点的，因为它可以感知到其中所有的恒星，但是，人类之所以能了解到这些核球上的相互作用，却要归功于我本人！因为这个结果来自我在研究生院期间进行的具有独创性的项目。

请参见：Moiya A. S. McTier, David M. Kipping, and Kathryn Johnston, "8 in 10 Stars in the Milky Way Bulge Experience Stellar Encounters Within 1000 AU in a Gigayear." Monthly Notices of the Royal Astronomical Society 495, no. 2 (June 2020): 2105-11, https://doi.org/10.1093/mnras/staa1232

③几年前，一个不包含暗物质的星系令天文学家困惑不解，如今这个谜团也不过明晰了几分。

请参见：Ethan Siegel, "At Last: Galaxy Without Dark Matter Confirmed,

Explained with New Hubble Data," Forbes, June 22, 2021, https://www.forbes.com/sites/startswithabang/2021/06/22/at-last-galaxy-without-dark-matter-confirmed-explained-with-new-hubble-data/?sh=7b8a6edb63dc

④维拉·鲁宾的生活经历堪称传奇，对科学的贡献也十分惊人。

请参见：Tim Childers, "Vera Rubin: The Astronomer Who Brought Dark Matter to Light," Space.com, June 11, 2019, https://www.space.com/vera-rubin.html.

⑤这绝不仅是银河系使用的一个奇怪比喻。在哥哥阅读书籍和研究望远镜时，卡罗琳·赫歇尔在用勺子给他喂食。他们在杂志上写到了这件事，她给他喂食的照片也曾在博物馆里出现过。

⑥为免你觉得好奇，不妨说明一下，发明"秒差距"一词的戴森与提出"戴森球"概念的戴森并非同一个人。戴森球是一种人造物体，可以最大限度地捕捉太阳能。那一位是弗里曼·戴森（Freeman Dyson）。这位戴森也不是詹姆斯·戴森（James Dyson），后者发明了几款不错的真空吸尘器。

⑦我的研究生导师和我们研究团队的另一名成员首次发表了"系外卫星"的可靠发现，即围绕着我们太阳系外的某一颗行星运行的卫星。哈勃太空望远镜的观测时间表属于公开信息，但论文的作者亚历克斯和大卫并没有意识到这一点。在天文学界，这是个大新闻，所以，他们在尚未准备好谈及此事之时，便接到了科学记者打来的许多采访邀请电话。这促使他们加快了处理数据的速度。

请参见：Alex Teachey and David M. Kipping, "Evidence for a Large Exomoon Orbiting Kepler-1625B," Science Advances 4, no. 10（October 3, 2018）: eaav178，https://doi.org/10.1126/sciadv.aav1784.

第七章　现代神话

①对于占星术，我个人的看法比银河系要复杂一些。我知道，有些

人将其当作一种休闲爱好，或者一种指引他们做出决定的温和方式。只要不用占星术去伤害别人，我就不会对使用占星术的事感到不快。然而，在世界上的某些地方（尤其是南亚诸国），对占星术的运用却更具歧视性。所以，我不能笼统地说占星术都是无害的。

②这种赤经和赤纬系统是最常用的，可能是因为用起来比其他系统更为方便，尤其是对肉眼可见的天体而言。无论你站在哪一个纬度，你头顶正上方恒星的赤纬都是相同的。但是，由于我们太阳系在围绕着银河系运行，且地球在绕着地轴进动或摆动，所以，经纬度坐标网格会随着我们移动，单个天体的坐标也会随之发生变化。天文学家通过添加参考日期的方法来弥补这一问题，这个参考日期被称为“历元”，它告诉我们坐标网格是如何与恒星对齐的。

第八章　成长的烦恼

①讲西班牙语（以及类似的拉丁语系语言）的人，更容易看出星期几、各大行星和罗马诸神的名字之间的联系：星期一（lunes）/月亮（Luna），星期二（martes）/火星（Mars），星期三（miércoles）/水星（Mercury），星期四（jueves）/木星（Jupiter），星期五（viernes）/金星（Venus）。而在英语和其他日耳曼语系的语言中，星期几的名字则来自挪威神话：星期二（Tuesday）是战神提尔（Tyr）的名字；星期三（Wednesday）对应的是诸神之父奥丁（Odin），或者不那么英语化的写法是“沃登”（Woden）；星期四（Thursday）是雷神（Thor）之日；星期五（Friday）则留给了可爱的弗丽嘉（Frigg）。

②天文学家一直在反复研究，是否大多数恒星都是单独诞生的，不过，目前学界似乎一致认为，恒星最常见的诞生方式是成对诞生，或者甚至是成群诞生。

请参见：Scott Alan Johnston, “Our Part of the Galaxy Is Packed with

Binary Stars," Universe Today, February 24, 2021, https://www.universetoday.com/150274/our-part-of-the-galaxy-is-packed -with-binary-stars/

关于恒星多样性的更多信息，请参见：Gaspard Duchêne and Adam Kraus, "Stellar Multiplicity," Annual Review of Astronomy and As trophysics 51, no. 1 (August 2013): 269-310, https://doi.org/10.1146/annurev-astro-081710-102602

③我们称M型恒星为红矮星，称O型恒星为蓝巨星，是因为它们的能谱峰值确实分别呈现出红色和蓝色。恒星的颜色取决于它的温度。维恩位移定律认为，恒星的温度越高，其峰值发射的光的波长就越短。因为O型恒星的温度较高，所以它们发出的大部分光的波长都较短，在人眼看来呈现蓝色。

④银河系只是在拿我们的天文学家开玩笑罢了。我们对初始质量函数并没有那么大的热情。在描述恒星质量的分布方式时，随着时间的推移，像埃德温·萨尔皮特（我跟他孙子在大学里还是朋友呢！）和帕维尔·克鲁帕这样的科学家建立起了略有区别的函数模型。不同的函数适用于不同质量范围的恒星（克鲁帕的函数用于低质量恒星，而萨尔皮特的则针对比太阳质量更大的恒星），以及不同的恒星环境。为了模拟核球部分的恒星分布，我做了不少研究，一般我使用的是夏布里埃 IMF，因为它不仅涵盖了大范围的恒星质量，而且名字听起来还很美妙。

⑤氦原子比氢原子更大，所以，要将它们结合到一起，就需要消耗更多能量。对于由氢产生氦的过程，天文学家赋予了这个过程不同的名称。质子-质子（或p-p）链描述的是低质量恒星的聚变机制，而C-N-O循环则用于比太阳质量更大的恒星，碳可以在其中发挥催化剂的作用。（C-N-O中的C为碳，N是氮，O是氧。）一旦产生了氦，三重阿尔法反应就会将氦原子结合成碳。

⑥科学家们仍然无法确定，当太阳膨胀成红巨星时，是否会吞噬地球。这其中有太多因素需要考虑，比如太阳会损失多少质量，或者地内

行星的轨道是否会变得不稳定。还有一种可能，就是引力的相互作用会迫使地球冲出围绕太阳的公转轨道，这也会造成另一种灾难性的后果。

请参见：Ethan, Siegel, “Ask Ethan: Will the Earth Eventually Be Swallowed by the Sun?,” Forbes, February 8, 2020, https://www.forbes.com/sites/startswithabang/2020/02/08/ask-ethan-will-the-earth-eventually-be-swallowed-by-the-sun/?sh=48c6f23c5cb0

⑦2017年，天文学家探测到了两颗中子星相撞时发出的信号，在爆炸后的余波中，他们测出了大量的金和铂。实际上，余波中黄金的质量已经与木星相当了。自此以后，天文学家发现，与超新星和中子星黑洞并合相比，中子星并合产生的金和其他“R过程元素”质量更大。

请参见：Robert Sanders, “Astronomers Strike Cosmic Gold,” Berkeley News, October 16, 2017, https://news.berkeley.edu/2017/10/16/astronomers-strike-cosmic-gold/

⑧好吧，我在乎中微子是什么！它是一种微小的基本粒子，与电子和陶子同属于轻子费米子群。中微子非常轻，因此不怎么与其他粒子发生相互作用，科学家暂且还无法精准测出它们的质量。基本上每一次原子发生相互作用时，都会产生中微子，一旦形成，它们便可通过一种科学家并不了解的机制，在不同“味道”的中微子之间振荡。中微子既有趣又神秘，我想，银河系之所以会说并不在意它们，是因为它知道其实中微子挺棒的。

第九章　内心的骚动

①关于这方面的详情，请查阅艾莉·沃德的获奖播客“研究主题”（Ologies）里的“臀学”（Gluteology）那一期。那期播客是娜塔莉亚·里根的专题，她是一位灵长类动物学家、人类学家。

②土星环是太阳系中最为著名的星环，然而，其他气态巨行星也有

自己的环，只是没有那么壮观。尽管我们太阳系中有大量的环，但是天文学家却不知道系外行星周围的星环是否也很普遍，因为要找到它们实在是太难了！不过，并没有什么理由就此认为我们太阳系就与众不同，巨大的系外行星也有可能正在要弄自己漂亮的大行星环呢。

③在对S2进行了20多年的观测之后，天文学家利用它的轨道来证实爱因斯坦的一个预言——史瓦西进动。

请参见：GRAVITY Collaboration: R. Abuter, A. Amorim, M. Bauböck, J. P. Berger, H. Bonnet, W. Brandner, et al., “Detection of the Schwarzschild Precession in the Orbit of the Star S2 near the Galactic Centre Massive Black Hole,” Astronomy & Astrophysics 636（April 2020）: L5, https://doi.org/10.1051/0004-6361/202037813.

④更确切地说，望远镜的分辨率取决于想要看到的波长和聚光镜的直径。射电望远镜特别庞大——最大的是中国的500米孔径球面射电望远镜（FAST）——因为它们要汇聚大波长的光。但较大的望远镜可能视野较小，或者有某种别的缺点，所以，在制定观测计划时，企图将分辨率最大化未必永远是谨慎的做法。

⑤天文学家发现这个小黑洞与一颗红巨星在双星轨道上运行，将其命名为独角兽。这个独角兽黑洞离我们仅有460pc，可能是离我们最近的黑洞！

请参见：T. Jayasinghe, K. Z. Stanek, Todd A. Thompson, C. S. Kochanek, D. M. Rowan, P. J. Vallely, K. G. Strassmeier, et al., “A Unicorn in Monoceros: The 3 M⊙ Dark Companion to the Bright, Nearby Red Giant V723 Mon Is a Non-interacting, Mass-Gap Black Hole Candidate,” Monthly Notices of the Royal Astronomical Society 504, no. 2（June 2021）: 2577-602，https://doi.org/10.1093/mnras/stab907.

⑥事件视界望远镜团队采集了近10pb（也就是1000万GB）的数据！这些信息必须存储在物理数据驱动器上，因为假如通过互联网，从遥远

的观测地点传输数据，速度会慢得可怕。然后，这一大堆硬盘必须运到位于德国和美国的处理中心。

请参见：Ryan Whitwam, “It Took Half a Ton of Hard Drives to Store the Black Hole Image Data,” ExtremeTech, April 11, 2019，https://www.extremetech.com/extreme/289423-it-took-half-a-ton-of-hard-drives-to-store-eht-black-hole-image-data.

⑦由于之前与其他星系发生的碰撞，这些矮星系中的超大质量黑洞可能是一种随之而来的补偿，这有助于解释为何矮星系当初会有这样巨大的黑洞。

请参见：Phil Plait, “Dwarf Galaxies Have Supermassive Black Holes, Too... and Some Are Off-Center!,” SYFY Wire, January 6, 2020, https://www.syfy.com/syfy-wire/dwarf-galaxies-have -supermassive-black-holes-too-and-some-are-off-center

⑧类星体是活动星系核（即巨大的高能黑洞）当中的一类，带有从中心射出的强大的闪光物质喷流。类星体一词其实是“准恒星”射电源的简称，因为在20世纪中期首次观测到类星体时，天文学家还以为它们是恒星。当喷流正对着我们、强光照耀着我们时，AGN就被称为耀变体。

第十章　来世

①在我们智人成为占据主导地位的人类物种之前，同时存在着好几个早期的人类物种。他们甚至相互通婚，早期的人类家族进化也颇具趣味性。

请参见：“Human Family Tree,” What Does It Mean to Be Human?, Smithsonian National Museum of Natural History, December 9, 2020, https://humanorigins.si.edu/evidence/human-family-tree

②请参见：Bridget Alex, “How We Know Ancient Humans Believed in the Afterlife,” Discover, October 5, 2018，https://www.discovermagazine.com/

planet-earth/how-we-know-ancient-humans-believed-in-the-afterlife.

③这种游戏的确切规则尚不清楚，但它在中美洲似乎颇为流行，因为在整个地区内，已经发现了数百个标准尺寸的球场。据我们所知（大部分来自西班牙入侵者的记录），这项运动似乎是足球和篮球的混合体。两队球员各有5人左右，比赛将球弹进固定在墙上高处的篮圈，但不能使用手或脚。

④2019年，人马座A*的红外亮度突然激增到了正常亮度的100倍。天文学家认为这次耀斑可能是由于某种物质突然侵入。

请参见：Susanna Kohler, “Flares from the Milky Way’s Supermassive Black Hole,” AAS Nova, April 7, 2021, https://aasnova.org/2021/04/07/flares-from-the-milky-ways-supermassive-black-hole/

第十一章　星座

①据古希腊文献记载，安德洛美达来自埃西欧匹亚，这是以前对埃及以南的非洲大地的总称，确实涵盖了现今埃塞俄比亚的位置，位于红海沿岸的大陆东岸。但某些学者对这个神话有着不同的解读。他们表示，安德洛美达是被锁在以色列海岸的一块岩石上。所以，这个神话到底是在哪里发生的还无法说清。

②美杜莎被雅典娜女神变成了一个可怕的怪物，因为美杜莎和神灵波塞冬在雅典娜的神庙里嬉戏，被她撞了个正着。按照某些人的解读，是美杜莎勾引了波塞冬，因此应该受到惩罚。而另一些人则声称，是波塞冬逼迫美杜莎就范，然后在她承受雅典娜盛怒的暴击时袖手旁观。

第十二章　迷恋

①研究星系周围恒星运动的天文学家注意到了我们所说的星系的引

力势。它在本质上是一个方程，描述的是物质在星系中的分布方式。年龄更大、形状更接近椭圆的星系往往具有长轴或三轴引力势，因为它们更近似于球形。

②在物理学中，考虑静止参考系是很重要的，因为你可以从中得知所有运动的参考点。银河系的静止参考系以其重心为中心，离人马座A*不远。

③加速度是物体速度的变化量。在物理学中，“急动度”一词又称加加速度，指的是物体加速度随时间发生的变化量。当银河系和仙女座彼此靠近时，由于相互的引力，双方的加速度会增加，给它们带来积极的“急动”。

第十三章　死亡

①霍金辐射是以史蒂芬·霍金来命名的（我很荣幸地与霍金、猫王和大卫·鲍伊同月同日出生），这种辐射从未被人观测到过，是黑洞耗散能量的一种理论途径。在黑洞与真空空间的边界上形成了粒子对，只不过，粒子在黑洞内外出现的可能性相同。黑洞外的粒子会逃逸，并随之带走黑洞的一小部分能量。

②大型强子对撞机是建造在瑞士地下的一条巨大的环形隧道。隧道周长为16.6英里，粒子在其中高速运行，在发生相互碰撞之前不断提升速度，积累的能量足以产生其他更为奇特的粒子。

第十四章　末日

①欲知我是如何相信挪威神话中的9个世界与我们太阳系中的各大行星是一致的，可以听听“精灵”（spirits）播客的“挪威宇宙学”（Norse Cosmology）那一期。

请参见：Amanda McLoughlin and Julia Schifini, “Norse Cosmology,” August 12, 2020, in Spirits, produced by Julia Schifini, podcast, 49:10, https://spiritspodcast.com/episodes/norse-cosmology

②在各大行星中，有少数几颗可能每隔几十年就会列成一线，但是，要让全部8颗行星（倘若把冥王星也算上的话就是9颗）在整个太阳系范围内列成一线，那几乎是不可能的。上一次所有行星都在天空中大约相同的区域出现已经是1000多年以前的事了。然而，即使各大行星当真列成一线，使它们引力加在一起，我们也几乎察觉不到，而且，这绝不足以导致世界末日！

第十五章　秘密

①有两个将超新星当作标准烛光的团队各自独立地发现，宇宙正在加速膨胀。其中一个团队是加利福尼亚州的超新星宇宙学项目，由索尔·珀尔马特（Saul Perlmutter）领导；另一个是马萨诸塞州的高红移超新星搜索团队，由布莱恩·施密特（Brian Schmidt）领导。

②1992年，借助径向速度法，人们在一颗脉冲星周围发现了首颗位于我们太阳系外的行星。3年后，又首次在类太阳恒星周围发现了一颗行星。由于发现了那颗行星，米歇尔·马约尔（Michel Mayor）和迪迪埃·奎洛兹（Didier Queloz）赢得了2019年度的诺贝尔物理学奖。

③1999年，戴夫·查波尼奥（Dave Charbonneau）还是一名研究生，由他领导的一个研究项目组首次使用凌日法发现了一颗系外行星。这次事件至关重要，它打开了一扇大门，让系外行星作为天文学的一个分支领域得以迅猛发展。16年后，戴夫在哈佛大学主持了我的毕业论文研讨会，在我递交论文的时候，他还十分好心地为我拍了一张傻乎乎的照片。

④假如天文学家当真发现了外星人，那我们是绝不愿意隐瞒不报的，因为这就相当于要错失几乎手到擒来的诺贝尔奖。不过，哪怕真的想保

密，也有某些规程规定了我们有分享信息的义务。虽然并没有针对取得发现后行为的政府强制官方规程，但是许多组织都有自己的规程，例如1989年瑞典国际宇航学会（Swedish International Academy of Astronautics）就发布了《关于发现地外文明后的行动原则宣言》（*Declaration of Principles Concerning Activities Following the Detection of Extraterrestrial Intelligence*）。在其影响下，SETI和NASA都起草了自己的规程。

请参见：https://iaaspace.org/wp-content/uploads/iaa/Scientific%20Activity/setideclaration.pdf.

⑤即使有1000多名天文学家联名请愿，要求将詹姆斯·韦布太空望远镜更名，但美国宇航局仍然拒不答应。需要注意的是，当初选定这个名字并未经过一贯要求的正式流程，而且，望远镜更名也并不罕见（例如，WFIRST更名为南希·格蕾丝·罗曼空间望远镜，或者LSST更名为维拉·C.鲁宾天文台）。

请参见：Nell Greenfieldboyce, "Shadowed by Controversy, NASA Won't Rename Its New Space Telescope," NPR, September 30, 2021, https://www.npr.org/2021/09/30/1041707730/shadowed-by-controversy-nasa-wont-rename-new-space-telescope

⑥数十年来，即便没有担任SETI研究所的主席，吉尔·塔特（Jill Tarter）博士也一直是SETI研究的倡导者。在卡尔·萨根的小说《接触》中，艾莉·阿萝薇这个角色的灵感便是来自于她，这部小说被改编成了电影，由朱迪·福斯特主演。